全国高职高专课程教学改革实践教材
亚龙智能装备集团股份有限公司校企合作项目成果系列教材

数字电子技术基础
计算机仿真与教学实验指导

主　编　唐灿耿　顾金花
副主编　苏绍兴　陈　澄
参　编　陈　建　张思思　高明泽

机 械 工 业 出 版 社

本书是全国高职高专课程教学改革实践教材之一，是数字电子技术基础课程的实验指导用书。本书本着"老师好教""学生好学""学后好用"的改革目标，结合 YL-1007B 课程实验模块，分十六个项目介绍了基本逻辑门电路功能测试，优先编码器功能测试，二进制译码器和数据选择器功能测试，全加器和超前进位全加器功能测试，数值比较器功能测试，七段码锁存/译码/驱动器功能测试，各类触发器功能测试，双向移位寄存器功能测试，N 进制计数电路功能测试，2 位十进制计数/译码/驱动/显示电路，可逆十进制计数电路功能测试，555 定时器基本应用电路，微分型单稳态触发器电路，集成施密特触发器及其应用，D/A 转换器将数字量转换成单极性、双极性模拟量，以及 A/D 转换实验。

本书适合作为职业院校机电类、电子信息类相关专业课程的实验指导教材，也可作为相关机构数字电子技术基础的培训用书。

为方便教学，本书配有电子课件等教学资源，选择本书作为教材的教师可来电（010-88379195）索取，或登录 www.cmpedu.com 网站，注册、免费下载。

图书在版编目（CIP）数据

数字电子技术基础计算机仿真与教学实验指导/唐灿耿，顾金花主编. —北京：机械工业出版社，2018.7
全国高职高专课程教学改革实践教材
ISBN 978-7-111-60317-7

Ⅰ.①数… Ⅱ.①唐… ②顾… Ⅲ.①数字电路-电子技术-高等职业教育-教学参考资料 Ⅳ.①TN79

中国版本图书馆 CIP 数据核字（2018）第 138527 号

机械工业出版社（北京市百万庄大街 22 号 邮政编码 100037）
策划编辑：赵红梅 责任编辑：赵红梅 责任校对：王 欣
封面设计：马精明 责任印制：张 博
北京华创印务有限公司印刷
2018 年 8 月第 1 版第 1 次印刷
184mm×260mm·8.5 印张·198 千字
0001—2 000 册
标准书号：ISBN 978-7-111-60317-7
定价：27.00 元

序

在落实《国家中长期教育改革和发展规划纲要（2010—2020年）》新时期职业教育的发展方向、目标任务和政策措施的时候，教育部制定了《中等职业教育改革创新行动计划（2010—2012年）》（以下简称《计划》）。《计划》中指出，以教产合作、校企一体和工学结合为改革方向，以提升服务国家发展和改善民生的各项能力为根本要求，全面推动中等职业教育随着经济增长方式转变"动"，跟着产业结构调整升级"走"，围绕企业人才需要"转"，适应社会和市场需求"变"。

中等职业教育的改革，着力解决教育与产业、学校与企业、专业设置与职业岗位、课程教材与职业标准不对接，职业教育针对性不强和吸引力不足等各界共识的突出问题，紧贴国家经济社会发展需求，结合产业发展实际，加强专业建设，规范专业设置管理，探索课程改革，创新教材建设，实现职业教育人才培养与产业，特别是区域产业的紧密对接。

《计划》中关于推进中等职业学校教材创新的计划是：围绕国家产业振兴规划、对接职业岗位和企业用人需求，创新中等职业学校教材管理制度，逐步建立符合我国国情、具有时代特征和职业教育特色的教材管理体系，开发建设覆盖现代农业、先进制造业、现代服务业、战略性新兴产业和地方特色产业，苦脏累险行业，民族传统技艺等相关专业领域的创新示范教材，引领全国中等职业教育教材建设的改革创新。2011—2012年，制订创新示范教材指导建设方案，启动并完成创新示范教材开发建设工作。

在落实该《计划》的背景下，亚龙智能装备集团股份有限公司与机械工业出版社共同组织中等职业学校教学第一线的骨干教师，为先进制造业、现代服务业和新兴产业类的电气技术应用、电气运行与控制、机电技术应用、电子技术应用、汽车运用与维修等专业的主干课程、方向性课程编写"做学教一体化"系列教材，探索创新示范教材的开发，引领中等职业教育教材建设的改革创新。

多年来，中等职业学校第一线的教师对教学改革的研究和探索，得到了一个共同的结论：要提升服务国家发展和改善民生的各项能力，就应该采用理实一体的教学模式和教学方法。以项目为载体，工作任务引领，完成工作任务的行动导向；让学生在完成工作任务的过程中学习专业知识和技能，掌握获取资讯、决策、计划、实施、检查、评价等工作过程的知识，在完成工作任务的实践中形成和提升服务国家发展和改善民生的各项能力。一本体现课程内容与职业资格标准、教学过程与生产过程对接，符合中等职业学校学生认知规律和职业能力形成规律，形式新颖、职业教育特色鲜明的教材；一本解决"做什么、学什么、教什么？怎样做、怎样学、怎样教？做得怎样、学得怎样、教得怎样？"问题的教材，是中等职业学校广大教师热切期盼的。

　　承载职业教育教学理念，解决"做什么、学什么、教什么？怎样做、怎样学、怎样教？做得怎样、学得怎样、教得怎样？"问题的教学实训设备，同样是中等职业学校广大教师热切期盼的。亚龙智能装备集团股份有限公司秉承服务职业教育的宗旨，潜心研究职业教育。在源于企业、源于实际、源于职业岗位的基础上，开发"既有真实的生产性功能，又整合学习功能"的教学实训设备；同时，又集设备研发与生产、实训场所建设、教材开发、师资队伍建设等于一体的整体服务方案。

　　广大教学第一线教师的期盼与亚龙智能装备集团股份有限公司的理念、热情和真诚，激发了编写"做学教一体化"系列教材的积极性。在亚龙智能装备集团股份有限公司、机械工业出版社和全体编者的共同努力和配合下，"做学教一体化"系列教材以全新的面貌、独特的形式出现在中等职业学校广大师生的面前。

　　"做学教一体化"系列教材是校企合作编写的教材，是把学习目标与完成工作任务、学习内容与工作内容、学习过程与工作过程、学习评价与工作评价有机结合在一起的教材。呈现在大家面前的"做学教一体化"系列教材，有以下特色：

　　一、教学内容与职业岗位的工作内容对接，解决做什么、学什么和教什么的问题

　　真实的生产性功能、整合的学习功能，是亚龙智能装备集团股份有限公司研发、生产的教学实训设备的特色。根据教学设备，按中等职业学校的教学要求和职业岗位的实际工作内容设计工作项目和任务，整合学习内容，实现教学内容与职业岗位、职业资格的对接，解决中等职业学校在教学中"做什么、学什么、教什么"的问题，是"做学教一体化"系列教材的特色。

　　职业岗位做什么，学生在课堂上就做什么，把职业岗位要做的事情规划成工作项目或设计成工作任务；把完成工作任务涉及的理论知识和操作技能，整合在设计的工作任务中。拿职业岗位要做的事，必需、够用的知识教学生；拿职业岗位要做的事来做，拿职业岗位要做的事来学。做、学、教围绕职业岗位，做、学、教有机结合、融于一体，"做学教一体化"系列教材就这样解决做什么、学什么、教什么的问题。

　　二、教学过程与工作过程对接，解决怎样做、怎样学和怎样教的问题

　　不同的职业岗位，工作的内容不同，但包括资讯、决策、计划、实施、检查、评价等在内的工作过程却是相同的。

　　"做学教一体化"系列教材中工作任务的描述、相关知识的介绍、完成工作任务的引导、各工艺过程的检查内容与技术规范和标准等，为学生完成工作任务的决策、计划、实施、检查和评价并在其过程中学习专业知识与技能提供了足够的信息。把学习过程与工作过程、学习计划与工作计划结合起来，实现教学过程与生产过程的对接，"做学教一体化"系列教材就这样解决怎样做、怎样学、怎样教的问题。

　　三、理实一体的评价，解决评价做得怎样、学得怎样、教得怎样的问题

　　企业不是用理论知识的试卷和实际操作考题来评价员工的能力与业绩，而是根据工作任务的完成情况评价员工的工作能力和业绩。"做学教一体化"系列教材根据理实一体的原则，参照企业的评价方式，设计了完成工作任务情况的评价表。评价的内容为该工作任务中各工艺环节的知识与技能要点、工作中的职业素养和意识；评价标准为相关的技术规范和标准，评价方式为定性与定量结合，自评、小组与老师评价相结合。

　　全面评价学生在本次工作中的表现，激发学生的学习兴趣，促进学生职业能力的形成

和提升，促进学生职业意识的养成，"做学教一体化"系列教材就这样解决做得怎样、学得怎样、教得怎样的问题。

四、图文并茂，通俗易懂

"做学教一体化"系列教材考虑到中等职业学校学生的阅读能力和阅读习惯，在介绍专业知识时，把握知识、概念、定理的精神和实质，将严谨的语言通俗化；在指导学生实际操作时，用图片配以文字说明，将抽象的描述形象化。

用中等职业学校学生的语言介绍专业知识，图文并茂的形式说明操作方法，便于学生理解知识、掌握技能，提高阅读效率。对中等职业学校的学生来说，"做学教一体化"系列教材是非常实用的教材。

五、遵循规律，循序渐进

"做学教一体化"系列教材设计的工作任务，有操作简单的单一项目，也有操作复杂的综合项目。由简单到复杂，由单一向综合，采用循序渐进的原则呈现教学内容、规划教学进程，符合中等职业学校学生认知和技能学习的规律。

"做学教一体化"系列教材是校企合作的产物，是职业院校教师辛勤劳动的结晶。"做学教一体化"系列教材需要人们的呵护、关爱、支持和帮助，才能健康发展，才能有生命力。

亚龙智能装备集团股份有限公司　陈继权

浙江温州

前　言

随着计算机与信息技术的不断发展与应用，各类职业院校也在不断进行课程改革的探索与实践应用。如何让教师更好地教课，如何让学生更好地学习并应用知识，一直是一个值得探讨的话题。

本书本着"老师好教""学生好学""学后好用"的目标编写而成，理论与实际相互结合，并适当地引入计算机仿真软件进行辅助分析与设计。本书每个项目都先进行理论分析，随后引入计算机仿真软件，将得到的仿真结果与理论分析数据进行对比验证，给出分析结果，最后结合实际设备进行实验，观察实际现象并得出实际数据，将这些实际现象与数据、理论分析数据、仿真结果进行比对分析。

本书采用亚龙智能装备集团股份有限公司（以下简称亚龙）生产的 YL-1007B 课程实验模块，其实验接口能够很好地与 NI（美国国家仪器）公司出品的教学实验平台 NI ELVIS Ⅱ+ 紧密结合起来，并运用 Multisim 电子电路仿真软件对各种电路进行仿真，与实际课程实验模块的实验结果进行比对分析，给出合理的理论解释。

本书由唐灿耿、顾金花任主编，苏绍兴、陈澄任副主编，陈建、张思思、高明泽参与编写。唐灿耿编写项目一的部分内容、项目七~项目十，顾金花编写项目十一~项目十四，苏绍兴编写项目二~项目五，陈澄编写项目六、项目十五、项目十六，陈建对实验数据进行记录，张思思对图片进行整理收集，高明泽编写项目一的部分内容。感谢 YNY（亚龙、NI、院校）计划中的江苏旅游职业学院、温州职业技术学院等对本书编写工作的帮助与支持。编写过程中参考了很多图书和资料，在此对其作者表示衷心感谢。

由于编者水平有限，书中难免有疏漏之处，敬请读者批评指正，请将您的意见或建议发至 41971856@ qq.com。

说明：为方便读者对照仿真软件及实验模块进行操作，本书中仿真电路图与实验模块图的图形符号与文字符号均沿用 Multisim 软件与实验模块中的惯用符号，未统一采用国家标准。正文中的元器件符号如 R_x、C_x 等与仿真电路图与实验模块图中 Rx、Cx 等对应（其中 $x = 1, 2, 3 \cdots$）。

编者

目　录

项目一

基本逻辑门电路功能测试

一、实验项目目的

1）熟悉 YL-1007B 课程实验模块（数字电子基础 1、数字电子基础 2、数字电子基础 3）。

2）熟悉与非门、或非门、与或非门、异或门、OD 门的逻辑功能。

3）测定 CMOS 和 TTL 系列逻辑门电路输出高电平、低电平的电压值。

4）测定 CMOS 逻辑门的输入端悬空对输出的影响。

二、实验所需模块与元器件

1）YL-1007B 数字电子基础 2 模块-4。

2）CD4001、CD4011、CD4070、CD4085、CD40107、74LS00 各一片，杜邦线若干。

三、实验原理及电路仿真

（一）实验原理

1. YL-1007B 课程实验模块简介

（1）数字电子基础 1

数字电子基础 1 如图 1.1 所示，包含两个模块，即 A/D 转换实训与 D/A 转换实训模块。A/D 转换实训模块包含时钟信号发生模块、A/D（ADC0809）转换模块、74LS573 模块、DIO 采集端、电压调节电位器。D/A 转换实训模块包含 DIO 数字输入端、D/A（DAC0832）转换模块、LM358 单极性模拟电压输出模块、LM358 双极性模拟电压输出模块。

（2）数字电子基础 2

数字电子基础 2 如图 1.2 所示，包含七个模块，即自定义芯片接插模块、单数码管模块、4511 数码管驱动模块、自定义电阻电容连接模块、自定义电位器连接模块、BCD 码输出模块、定义端口模块（包含电源、信号源、模拟端口、数字端口）。

（3）数字电子基础 3

数字电子基础 3 如图 1.3 所示，包含两个模块，即 555 单稳态触发器模块和 555 多谐振荡器模块。

2. 实训电路

实训电路图如图 1.4~图 1.11 所示。

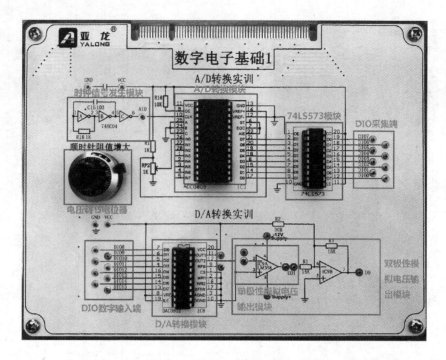

图 1.1　数字电子基础 1

图 1.2　数字电子基础 2

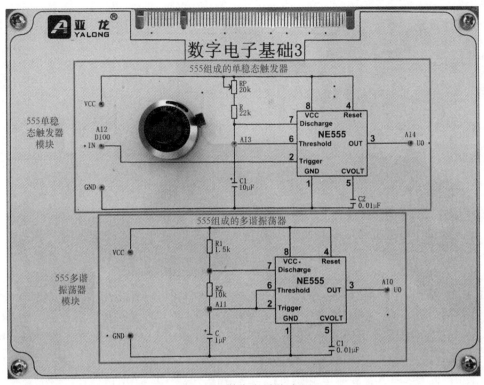

图 1.3　数字电子基础 3

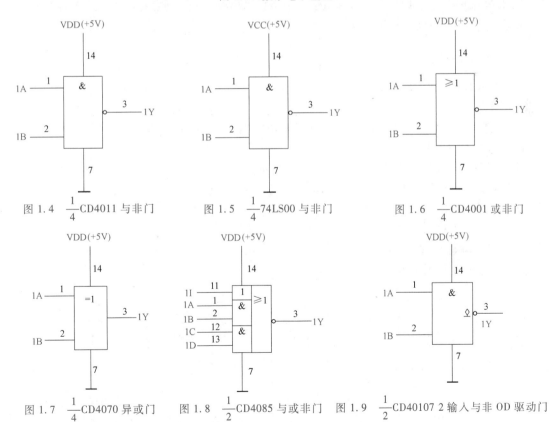

图 1.4　$\frac{1}{4}$CD4011 与非门　　图 1.5　$\frac{1}{4}$74LS00 与非门　　图 1.6　$\frac{1}{4}$CD4001 或非门

图 1.7　$\frac{1}{4}$CD4070 异或门　　图 1.8　$\frac{1}{2}$CD4085 与或非门　　图 1.9　$\frac{1}{2}$CD40107 2 输入与非 OD 驱动门

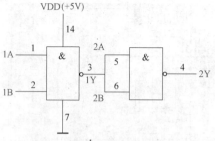

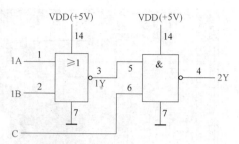

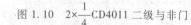

图 1.10 $2 \times \frac{1}{4}$CD4011 二级与非门   图 1.11 $\frac{1}{4}$CD4001 或非门和 $\frac{1}{4}$CD4011 与非门组合

注意：在以后的实训电路逻辑符号图中不再标出电源的引脚，这是习惯省略表示。

3. 芯片工作原理

集成逻辑门电路有 CMOS 和 TTL 系列两大类型，工作于正逻辑状态时，定义高电平为逻辑状态 1，低电平为逻辑状态 0。输入+5V 时为 1，输入 0V 时为 0，这两大系列输出高、低电平的电压值各不相同。若均采用+5V 电源电压时，CMOS 系列输出逻辑状态 1 和 0 时电压分别接近于+5V 和 0V，而 TTL 系列输出 1 和 0 时分别接近于 2.8V 以上和 0.2V。

逻辑门不论其输入变量 A、B、C，还是输出变量 W、Y、Z，其取值只有 1 和 0，而基本逻辑运算为与、或、非。与逻辑为 $1.1 = 1$、$1.0 = 0$、$0.0 = 0$；或逻辑为 $1+1 = 1$、$1+0 = 1$、$0+0 = 0$；非逻辑为 $\bar{1} = 0$、$\bar{0} = 1$；"与非"是"与"和"非"的组合，"或非"是"或"和"非"的组合；异或逻辑为 "$1 \oplus 0$"，输入相异结果输出 1，异或逻辑为 "$1 \oplus 1$" 和 "$0 \oplus 0$" 输入相同结果输出 0；CMOS 与非 OD 驱动门为漏极开路与非门，器件输出端要外接负载，"与或非门"是"与""或""非"门三者的组合。

（二）电路仿真

从实训电路图 1.4～图 1.11 中选择几款典型的实训电路，在 Multisim 电子电路仿真软件中进行连接仿真，具体步骤介绍如下。

1）打开 Multisim 电子电路仿真软件后，依次单击【File】→【New】→【Blank】→【Create】，新建空白的图纸。

2）右击图纸空白区域，选择【Place Component】，在打开的【Select a Component】对话框中单击【Group】下拉菜单选择【ALL Groups】，在【Family】选项框中选择【All Families】，然后在【Component】下搜索 4011，把【4011BD_ 5V】放在图纸上，如图 1.12 所示。

3）打开【Select a Component】对话框，在【Group】下拉菜单中选择【Basic】，在【Family】选项框中选择【SWITCH】，在【Component】下把【SPDT】（单刀双掷开关）设置高低电平放在图纸上，如图 1.13 所示。

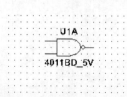

图 1.12   把【4011BD_ 5V】放在图纸上

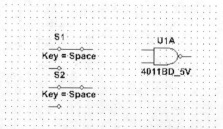

图 1.13   把【SPDT】放在图纸上

4）打开【Select a Component】对话框，在【Group】下拉菜单中选择【Diodes】，在【Family】选项框中选择【LED】，在【Component】下把【LED_ red】（输出高电平点亮）放在图纸上，如图1.14所示。

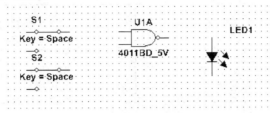

图 1.14　把【LED_ red】放在图纸上

5）打开【Select a Component】对话框，在【Group】下拉菜单中选择【Sources】，在【Family】选项框中选择【POWER_ SOURCES】，在【Component】选项框中分别选择【VCC】丁和【GROUND】⊥放置在图纸上，如图1.15所示。

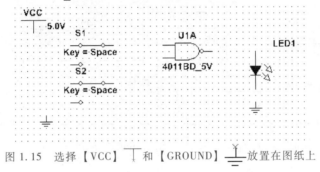

图 1.15　选择【VCC】丁和【GROUND】⊥放置在图纸上

6）将步骤2）~5）中所选择的各元器件根据图1.4连接仿真电路，$\frac{1}{4}$ CD4011与非门的仿真电路如图1.16所示。

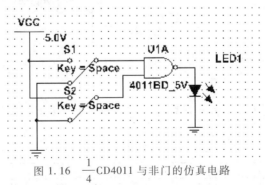

图 1.16　$\frac{1}{4}$ CD4011与非门的仿真电路

7）$\frac{1}{4}$ CD4011与非门。如图1.16所示，单击运行，S1与S2分别是两个单刀双掷开关，使用鼠标单击，即可切换开关状态，根据表1.1的输入设置开关的逻辑状态。图

1.16 中，开关 S1 向上连接 VCC，表示输入 1，开关 S1 向下接地，表示输入 0，将仿真输出结果与其工作原理进行比对，观察是否一致。

表 1.1　CD4011 2 输入与非门

输入		输出	逻辑规律
1A	1B	1Y	
0	0	1	
0	1	1	
1	0	1	有 0 出 1
1	1	0	
1	悬空	0	

8) $\frac{1}{4}$74LS00 与非门。同步骤 1)~5)，将选择的各元器件根据图 1.5 连接仿真电路，如图 1.17 所示。

单击运行，根据表 1.2 的输入设置开关的逻辑状态，将仿真输出结果与其工作原理进行比对，观察是否一致。

表 1.2　74LS00 2 输入与非门

输入		输出	逻辑规律
1A	1B	1Y	
0	0	1	
0	1	1	
1	0	1	有 0 出 1
1	1	0	
1	悬空	0	

9) $\frac{1}{4}$CD4001 或非门。根据图 1.6 连接仿真电路，如图 1.18 所示。

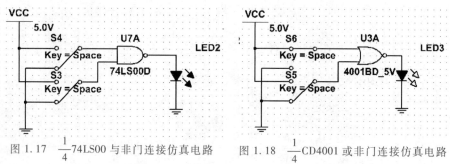

图 1.17　$\frac{1}{4}$74LS00 与非门连接仿真电路　　图 1.18　$\frac{1}{4}$CD4001 或非门连接仿真电路

单击运行，根据表 1.3 的输入设置开关的逻辑状态，将仿真输出结果与其工作原理进行比对，观察是否一致。

表 1.3　CD4001 2 输入或非门

输入		输出	逻辑规律
1A	1B	1Y	
0	0	1	
0	1	0	
1	0	0	有 1 出 0
1	1	0	
1	悬空	0	

10）$\frac{1}{4}$ CD4070 异或门。根据图 1.7 连接仿真电路，如图 1.19 所示。单击运行，根据表 1.4 的输入设置开关的逻辑状态，将仿真输出结果与其工作原理进行比对，观察是否一致。

表 1.4　CD4070 异或门

输入		输出	逻辑规律
1A	1B	1Y	
0	0	0	相同为 0，不同为 1
0	1	1	
1	0	1	
1	1	0	

11）$\frac{1}{2}$ CD4085 与或非门。同步骤 1）~5），将选择的各元器件根据图 1.8 连接仿真电路，如图 1.20 所示。单击运行，根据表 1.5 的输入设置开关的逻辑状态，将仿真输出结果与其工作原理进行比对，观察是否一致。

表 1.5　CD4085 与或非门

输入					输出
1I	1A	1B	1C	1D	1Y
1	×	×	×	×	0
0	1	1	×	×	0
0	0	0	1	0	1
0	1	0	0	0	1
0	0	×	0	×	1

注：×表示为任意状态（0 或 1 均可），输入信号 I A B C D 参考图 1.5。

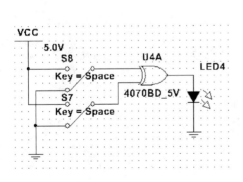

图 1.19　$\frac{1}{4}$ CD4070 异或门的仿真电路

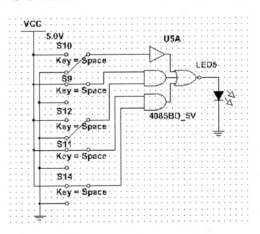

图 1.20　$\frac{1}{2}$ CD4085 与或非门的仿真电路

12）$\frac{1}{2}$ CD40107 2 输入与非 OD 驱动门。　根据图 1.9 连接仿真电路，注意：由于仿真软件中没有集成 40107 芯片，因此用同样是 2 输入与非 OD 门的 74HC01D 替代，如图 1.21 所示。

单击运行，根据表 1.6 的输入设置开关的逻辑状态，将仿真输出结果与其工作原理进行比对，观察是否一致。

表 1.6　CD40107 2 输入与非 OD 驱动门

输入		输出
1A	1B	1Y
0	0	1
0	1	1
1	0	1
1	1	0

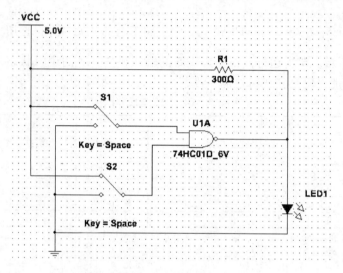

图 1.21　连接仿真电路

13）$2 \times \frac{1}{4}$ CD4011 二级与非门。同步骤 1）~5），将选择的各元器件根据图 1.10 连接仿真电路，如图 1.22 所示。单击运行，根据表 1.7 的输入设置开关的逻辑状态，将仿真输出结果与其工作原理进行比对，观察是否一致。

表 1.7　CD4011 二级与非门

输入		输出		逻辑规律	
1A	1B	1Y	2Y	1Y	2Y
0	0	1	0		
0	1	1	0	有 0 出 1	有 0 出 0
1	0	1	0		
1	1	0	1		

14）$\frac{1}{4}$ CD4001 或非门和 $\frac{1}{4}$ CD4011 与非门组合。同步骤 1）~5），将选择的各元器件根据图 1.11 连接仿真电路，如图 1.23 所示。单击运行，根据表 1.8 的输入设置开关的逻辑状态，将仿真输出结果与其工作原理进行比对，观察是否一致。

表 1.8　CD4001 或非门和 CD4011 与非门组合

输入			输出	
1A	1B	1C	1Y	2Y
0	1	1	0	1
1	0	0	0	1
1	1	1	0	1

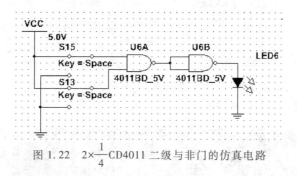

图 1.22　$2 \times \frac{1}{4}$ CD4011 二级与非门的仿真电路

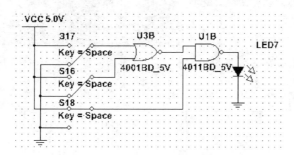

图 1.23　$\frac{1}{4}$ CD4001 或非门和 $\frac{1}{4}$ CD4011 与非门组合的仿真电路

四、实验内容与实验步骤

前面已经进行过电路原理分析，并将仿真现象与理论进行了对比。接下来我们需要在实际电路上做实验，以进一步验证原理的正确性与仿真现象的合理性，具体步骤如下：

1）请确保 NI ELVIS Ⅱ+ 的电源处于断开状态。

2）将 NI ELVIS Ⅱ+ 自带的实验板取下，取出亚龙-NI ELVIS Ⅱ+ 系列实验模块转接主板（简称实验模块转接主板），将其插在 NI ELVIS Ⅱ+ 上，注意检查是否插接到位。

3）实验模块转接主板插接到位后，将 YL-1007B 数字电子基础 2 模块插在实验模块转接主板上，注意检查是否插接到位。

4）打开 NI ELVIS Ⅱ+ 工作站电源开关，等待计算机识别设备。

5）$\frac{1}{4}$ CD4011 与非门（图 1.4）。

① 根据图 1.4 所示电路，将 CD4011 插入 14 脚 IC 接插槽中，将 CD4011 输入端 1A、

1B 分别按顺序接到数字电子基础 2 面板上的 DIO1 和 DIO0，将 CD4011 输出端 1Y 接到数字电子基础 2 面板上的 DIO8。（图 1.2 所示数字电子基础 2 中 DIO 共分为三组，每组 8 个 DIO，分别为 DIO0～DIO7、DIO8～DIO15、DIO16～DIO23，同一组 DIO 不能同时作为输入输出）。CD4011 电源（14 脚）接到面板上 VCC，CD4011 地（7 脚）接到面板上 GND。

② 打开计算机桌面【开始】→【所有程序】→【National Instruments】→【NI ELVISmx for NI ELVIS & myDAQ】→【NI ELVISmx Instruments Launcher】，在弹出面板上单击打开【Digital Writer】（数据写入器）和【Digital Reader】（数据读出器），根据所选的输入端口和输出端口设置好 DIO 的【Digital Writer】和【Digital Reader】（见图 1.24）。【Digital Writer】是 ELVIS 赋予信号输出用的，常常作为 ELVIS 外部数字芯片的信号输入源，【Digital Reader】用于读取来自 ELVIS 外部输入进来的信号，如用于读取来自 ELVIS 外部数字芯片的输出信号。

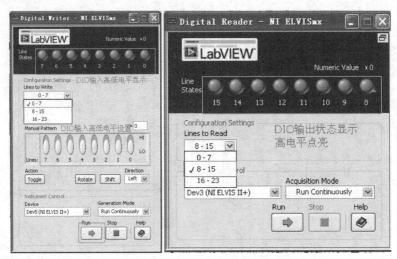

图 1.24　数据写入器和数据读出器

③ 开启数字电子基础 2 面板电源，根据表 1.1 中的输入，设置 ELVIS【Digital Writer】输出信号的逻辑状态，然后根据【Digital Reader】所读取的来自数字芯片的输出状态，将结果记录下来，并将结果与前面对应仿真结果进行比对，观察是否一致。

6）$\frac{1}{4}$74LS00 与非门（图 1.5）。

断开数字电子基础 2 面板电源，只需将实验步骤 5）的芯片 CD4011 换成 74LS00 即可，连线同实验步骤 5）。开启数字电子基础 2 面板电源，根据表 1.2 的输入设置逻辑状态，将输出结果对应记录下来，并将结果与前面对应仿真结果进行比对，观察是否一致。

7）$\frac{1}{4}$CD4001 或非门（图 1.6）。

同实验步骤 5），将芯片换成 CD4001，根据表 1.3 的输入设置逻辑状态，将输出结果对应记录下来，并将结果与前面对应仿真结果进行比对，观察是否一致。

8）$\frac{1}{4}$CD4070 异或门（图 1.7）。

同实验步骤 5），将芯片换成 CD4070，根据表 1.4 的输入设置逻辑状态，将输出结果对应记录下来，并将结果与前面对应仿真结果进行比对，观察是否一致。

9）$\frac{1}{2}$CD4085 与或非门（图 1.8）。

① 断开数字电子基础 2 面板电源，移除前面用过的实验器件，根据图 1.8 所示，将 CD4085 插入 14 脚 IC 接插槽中，将输入端 1I、1A、1B、1C、1D 分别按顺序接到面板上的 DIO4～DIO3、DIO2、DIO1 和 DIO0，将输出端 1Y 接到面板上的 DIO8。CD4085 的电源（14 脚）接到 VCC，地（7 脚）接到 GND。

② 开启数字电子基础 2 面板电源，根据表 1.5 的输入设置逻辑状态，将输出结果对应记录下来，并将结果与前面对应仿真结果进行比对，观察是否一致。

10）$\frac{1}{2}$CD40107 2 输入与非 OD 驱动门（图 1.9）。

同实验步骤 5），将芯片换成 CD40107，根据表 1.6 的输入设置逻辑状态，将输出结果对应记录下来，并将结果与对应前面仿真结果进行比对，观察是否一致。（注：没有 300Ω 电阻请用电位器调出来）

11）$2\times\frac{1}{4}$CD4011 二级与非门（图 1.10）。

① 断开数字电子基础 2 面板电源，移除前面用过的实验器件，将 CD4011 插入 14 脚 IC 接插槽中，将输入端 1A、1B 分别按顺序接到面板上的 DIO1、DIO0，将输出端 2Y 接到面板上的 DIO8。$2\times\frac{1}{4}$CD4011 电源（14 脚）接到 VCC，地（7 脚）接到 GND。

② 开启数字电子基础 2 面板电源，根据表 1.7 的输入设置逻辑状态，将输出结果对应记录下来，并将结果与前面对应仿真结果进行比对，观察是否一致。

12）$\frac{1}{4}$CD4001 或非门和 $\frac{1}{4}$CD4011 与非门组合（图 1.11）。

① 断开数字电子基础 2 面板电源，移除前面用过的实验器件，将 CD4001、4011 插入 14 脚 IC 接插槽中，将 CD4011 输入端 1A、1B、CD4001 输入端 C 分别按顺序接到面板上的 DIO2、DIO1、DIO0，将 CD4011 输出端 2Y 接到面板上的 DIO8。将其电源（14 脚）接到 VCC，地（7 脚）接到 GND。

② 开启数字电子基础 2 面板电源，根据表 1.8 的输入设置逻辑状态，将输出结果对应记录下来，并将结果与前面仿真结果进行比对，观察是否一致。

项目二

优先编码器功能测试

一、实验项目目的

1）通过 CD4532 优先编码器功能表了解其逻辑功能，读懂功能表中各引脚功能，达到会使用集成器件的目的。

2）理解优先编码器优先编码的含义。

3）理解 CD4532 优先编码器 EI、GS、EO 引脚的控制作用。

4）理解 CD4532 优先编码器编码输入 Ii 与编码输出 Y2、Y1、Y0 的数值关系。

二、实验所需模块与元器件

1）YL-1007B 数字电子基础 2 模块一个。

2）CD4532 一片、杜邦线若干。

三、实验原理及电路仿真

（一）实验原理

1. 实训电路

CD4532 优先编码器为 16 脚集成芯片，图 2.1 为其逻辑符号图（器件的 16 脚 VDD 为 +5V，8 脚接地，省略）。

2. 工作原理

CD4532 为组合逻辑电路，内部均由门电路组成，其输出逻辑状态随输入逻辑状态变化而变化。每一引脚逻辑功能可用功能表来表示，见表 2.1。CD4532 优先编码器输入编码引脚为 I0~I7，其编码优先权最高位为 I7，最低位为 I0，相应编码输出为 Y2、Y1、Y0，这也就是优先编码的含义，即用 Y2、Y1、Y0 三位二进制代码表示优先 Ii 的特定信息。

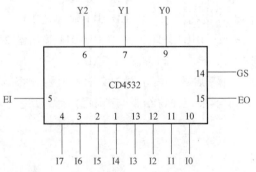

图 2.1　CD4532 优先编码器逻辑符号图

下面介绍如何读功能表中各引脚的逻辑功能。一般集成组合逻辑器件均设有使能端引脚来控制器件能否工作，即 EI 引脚。对芯片 CD4532 而言，EI 的优先级别最高（并非编码优先权），即表 2.1 中序号 1 所列，EI=0，禁止器件工作；在序号 2~10 中，EI=1，允许器件工作。而在序号 2 中，I0～I7 为全 0，没有要求编码输入。上述两种情况下 Y2、Y1、Y0 均为 000 状态。当有要求编码输入时，I7＝1 编码优先权最高，而 I0～I6 不论为何种状态均不能编码。所谓优先权，是指在 Ii+1 之前无要求编码（即均为 0）时，若 Ii＝1 才能轮到本位 Ii 可编码，而比 Ii 位低的输入无效。最后，剩下输出 GS 和 EO 两个引脚功能。从 GS 状态分析，由序号 1 和 2 可看出，在禁止编码和无要求编码时，GS 为 0，这时表明 Y2、Y1、Y0 为 000 的状态输出无效码。而 GS＝1 时，则 Y2、Y1、Y0 编码输出有效码，而 EO 仅在序号 2 时为 1，其余为 0，主要用于级联控制低位芯片的 EI，即在本位片无要求编码（EO＝1）时，才能级联到低位片 EI＝1，允许器件工作。

表 2.1　CD4532 优先编码器功能表

序号	输入									输出				
	EI	I7	I6	I5	I4	I3	I2	I1	I0	Y2	Y1	Y0	GS	EO
1	0	×	×	×	×	×	×	×	×	0	0	0	0	0
2	1	0	0	0	0	0	0	0	0	0	0	0	0	1
3	1	1	×	×	×	×	×	×	×	1	1	1	1	0
4	1	0	1	×	×	×	×	×	×	1	1	0	1	0
5	1	0	0	1	×	×	×	×	×	1	0	1	1	0
6	1	0	0	0	1	×	×	×	×	1	0	0	1	0
7	1	0	0	0	0	1	×	×	×	0	1	1	1	0
8	1	0	0	0	0	0	1	×	×	0	1	0	1	0
9	1	0	0	0	0	0	0	1	×	0	0	1	1	0
10	1	0	0	0	0	0	0	0	1	0	0	0	1	0

（二）电路仿真

仿真电路步骤如下：

1）打开 Multisim 电子电路仿真软件后，单击【File】→【New】→【Blank】→【Create】，新建一个空白的图纸。

2）右击图纸空白区域，选择【Place Component】，在打开【Select a Component】的对话框中单击【Group】下拉菜单中的【ALL Group】，在【Family】选项框中选择【All Families】，然后在【Component】下搜索 4532BD_ 5V，把【4532BD_ 5V】放在图纸上，如图 2.2 所示。

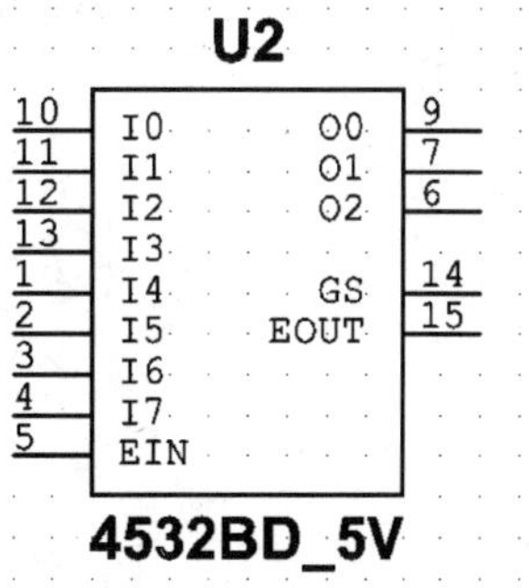

3）打开【Select a Component】对话框，在【Group】下拉菜单中选择【Basic】，在【Family】选项框中选择【SWITCH】，在【Component】下把【SPDT】放在图纸上（用于设置高低电平），如图 2.3 所示。

图 2.2　把【4532BD_ 5V】放在图纸上

4）打开【Select a Component】对话框，在【Group】下拉菜单中选择【Diodes】，在【Family】选项框中选择【LED】，在【Component】下把【LED_ red】（输出高电平点亮）放在图纸上，如图 2.4 所示。

5）打开【Select a Component】对话框，在【Group】下拉菜单中选择【Sources】，在

【Family】选项框中选择【POWER_ SOURCES】，在【Component】选项框中分别选择【VCC】⊤ 和【GROUND】⊥放置在图纸上，如图 2.5 所示。

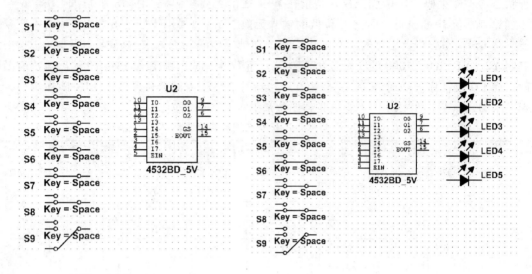

图 2.3 把【SPDT】放在图纸上   图 2.4 把【LED_ red】放在图纸上

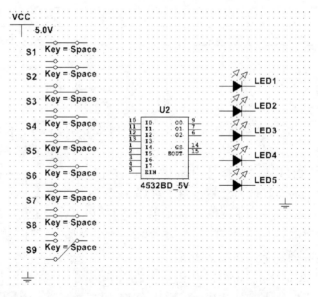

图 2.5 选择【VCC】⊤ 和【GROUND】⊥放置在图纸上

6）将步骤 2)~5) 中所选择的元器件根据图 2.1 连接仿真电路，CD4532 优先编码器的仿真电路如图 2.6 所示。

7）单击运行，根据表 2.2 的输入设置逻辑状态，将仿真输出结果与其工作原理进行比对，观察是否一致。

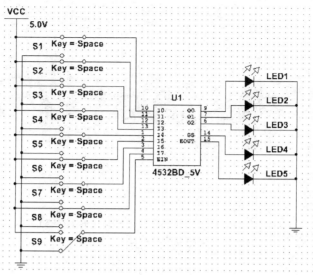

图 2.6 CD4532 优先编码器的仿真电路

四、实验内容与实验步骤

前面已经进行过电路原理分析，并将仿真现象与理论进行了对比。接下来我们需要在实际电路上做实验，以进一步验证原理的正确性与仿真现象的合理性，具体步骤如下：

1）请确保 NI ELVIS Ⅱ+的电源处于断开状态。

2）将 NI ELVIS Ⅱ+自带的实验板取下，取出亚龙-NI ELVIS Ⅱ+系列实验模块转接主板，将其插在 NI ELVIS Ⅱ+上，注意检查是否插接到位。

3）实验模块转接主板插接到位后，将 YL-1007B 数字电子基础工 2 模块插在实验模块转接主板上，注意检查是否插接到位。

4）打开 NI ELVIS Ⅱ+工作站电源开关，等待计算机识别设备。

5）根据图 2.1 所示，将 CD4532 插入 16 脚 IC 接插槽中，将 CD4532 输入端 I7～I0 分别按顺序接到数字电子基础 2 面板上的 DIO7～DIO0，EI 基本为固定状态，可以根据状态直接接 VCC 或 GND，将输出端 Y2～Y0、GS、EO 分别按顺序接到数字电子基础 2 面板上的 DIO12～DIO8。电源（16 脚）接到 VCC，接地（8 脚）接到 GND。

6）打开计算机桌面上的【开始】→【所有程序】→【National Instruments】→【NI ELVISmx for NI ELVIS & myDAQ】→【NI ELVISmx Instruments Launcher】，在弹出面板上单击打开【Digital Writer】和【Digital Reader】，根据所选的输入和输出端口设置 DIO。

7）开启数字电子基础 2 面板电源，按表 2.2 所列各输入引脚的状态设置【Digital Writer】，通过【Digital Reader】测试其各输出引脚的逻辑状态（高电平 LED 亮），将结果填入表 2.2 中，并将结果与前面对应的仿真结果进行比对，观察是否一致。

表 2.2 实训测试记录表

序号	输入									输出				
	EI	I7	I6	I5	I4	I3	I2	I1	I0	Y2	Y1	Y0	GS	EO
1	0	0	0	1	1	1	1	0	1	0	0	0	0	0
2	1	0	0	0	0	0	0	0	0	0	0	0	0	1
3	1	0	0	1	1	1	0	0	1	1	0	1	1	0
4	1	0	0	0	0	1	0	1	0	0	1	1	1	0

项目三

二进制译码器和数据选择器功能测试

一、实验项目目的

1）熟悉二进制译码器（74HC138）和数据选择器（74HC151）的含义及其逻辑功能。

2）读懂 74HC138（3线-8线）译码器和 74HC151（8选1）数据选择器的逻辑功能表，并掌握其各引脚功能。

3）掌握 74HC138 和 74HC151 的正确使用方法、输入与输出的逻辑规律。

二、实验所需模块与元器件

1）YL-1007B 数字电子基础 2 一个。

2）74HC138、74HC151 各一片，杜邦线若干。

三、实验原理及电路仿真

（一）实验原理

1. 实训电路

图 3.1 和图 3.2 为 74HC138 和 74HC151 的逻辑符号图（其电源引脚为 16 脚接 +5V，8 脚接地，省略）。

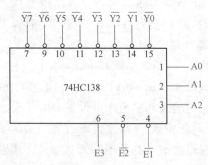

图 3.1 74HC138 译码器逻辑符号图

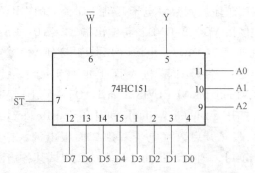

图 3.2 74HC151 数据选择器逻辑符号图

2. 工作原理

（1）74HC138 是 3 线-8 线译码器，从图 3.1 可知，其输入为 3 位二进制代码 A2、A1、A0，共有 8 种组合，为 000~111，当某一组代码输入（又称地址码）时可相应译出某一个有效低电平信号$\overline{Yi}$输出，因此 8 个地址码相应有$\overline{Y0}$~$\overline{Y7}$ 8 个信号输出，其下标十进制数与地址码十进制数存在对应关系，称为 3 线-8 线二进制译码器。另外还有 3 个使能输入端 E3、$\overline{E2}$、$\overline{E1}$，从逻辑符号可知，只有同时满足 E3 = 1、$\overline{E2}$ = 0、$\overline{E1}$ = 0 才能工作。二进制译码器又称为地址码译码器，在半导体存储器中为基本电路。

（2）74HC151 是 8 选 1 数据选择器，从图 3.2 可知，它有 8 个数据输入端 D0 ~ D7，数据输出是由 3 位数地址码 A0、A1、A2 决定。Di 的下标 i（i = 0 ~ 7）是十进制数与十进制地址存在的对应关系，输出 Y 是 Di 的原码，输出 $\overline{W}$ 是 Di 的反码，$\overline{ST}$ 为片选控制端，为低电平有效，$\overline{ST}$ = 1 禁止工作。

（二）电路仿真

电路仿真步骤如下：

1）打开 Multisim 电子电路仿真软件，单击【File】→【New】→【Blank】→【Create】，新建一个空白的图纸。

2）右击图纸空白区域，选择【Place Component】，打开【Select a Component】对话框，单击【Group】下拉菜单中的【ALL Group】，在【Family】选项框中选择【All Families】，在【Component】下搜索 74HC138，把【74HC138D】放在图纸上，如图 3.3 所示。

3）打开【Select a Component】对话框，在【Group】下拉菜单中选择【Basic】，在【Family】选项框中选择【SWITCH】，在【Component】下把【SPDT】（设置高低电平）放在图纸上，如图 3.4 所示。

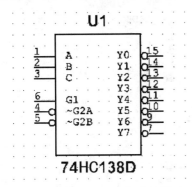

图 3.3　把【74HC138D】放在图纸上

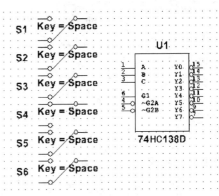

图 3.4　把【SPDT】放在图纸上

4）打开【Select a Component】对话框，在【Group】下拉菜单中选择【Diodes】，在【Family】选项框中选择【LED】，在【Component】下把【LED_ red】（输出高电平点亮）放在图纸上，如图 3.5 所示。

5）打开【Select a Component】对话框，在【Group】下拉菜单中选择【Sources】，在【Family】选项框中选择【POWER_ SOURCES】，在【Component】选项框中分别选择【VCC】和【GROUND】放置在图纸上，如图 3.6 所示。

6）将步骤 2）~ 5）中所选择的各元器件根据图 3.1 连接仿真电路，74HC138 译码器的仿真电路如图 3.7 所示。

7）单击运行，根据表 3.1 的输入设置逻辑状态，将仿真输出结果与其工作原理进行

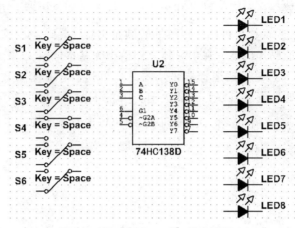

图 3.5 把【LED_ red】放在图纸上

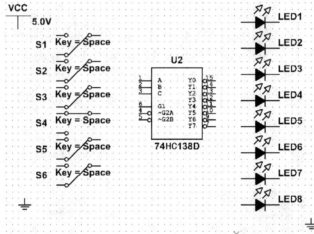

图 3.6 选择【VCC】丁和【GROUND】⏚放置在图纸上

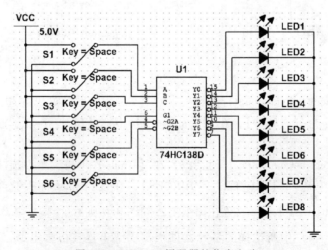

图 3.7 74HC138 译码器的仿真电路

比对，观察是否一致。

表 3.1　74HC138（3 线-8 线）译码器逻辑功能测试表

使能输入端			译码输入			译码输出							
E3	$\overline{E2}$	$\overline{E1}$	A2	A1	A0	$\overline{Y0}$	$\overline{Y1}$	$\overline{Y2}$	$\overline{Y3}$	$\overline{Y4}$	$\overline{Y5}$	$\overline{Y6}$	$\overline{Y7}$
0	×	×	×	×	×	1	1	1	1	1	1	1	1
×	1	×	×	×	×	1	1	1	1	1	1	1	1
×	×	1	×	×	×	1	1	1	1	1	1	1	1
1	0	0	0	0	0	0	1	1	1	1	1	1	1
1	0	0	0	0	1	1	0	1	1	1	1	1	1
1	0	0	0	1	0	1	1	0	1	1	1	1	1
1	0	0	0	1	1	1	1	1	0	1	1	1	1
1	0	0	1	0	0	1	1	1	1	0	1	1	1
1	0	0	1	0	1	1	1	1	1	1	0	1	1
1	0	0	1	1	0	1	1	1	1	1	1	0	1
1	0	0	1	1	1	1	1	1	1	1	1	1	0

注：×指可 1 可 0，位任意状态。

8）根据图 3.8 连接仿真电路，在 Multisim 界面的右边虚拟仪器工具栏中选择【Word Generator】 ![] 和【Logic Analyzer】 ![]，分别设置数字信号发生器 XWG1 和逻辑分析仪 XLA1。

9）双击图 3.8 中的数字信号发生器图标 XWG1，弹出窗口如图 3.9a 所示。在【Controls】区域中选择【Cycle】按钮，在【Display】区域中选择【Dec】（十进制），在字信号编辑区编写：0、1、2、3、4、5、6、7，单击【Controls】区域中的【Set】按钮，将数字信号发生器的信号量设置为 8，如图 3.9b 所示。

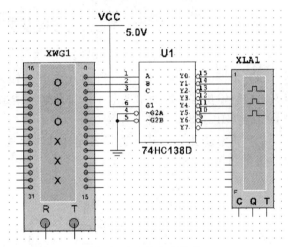

图 3.8　连接仿真电路

字信号编辑区

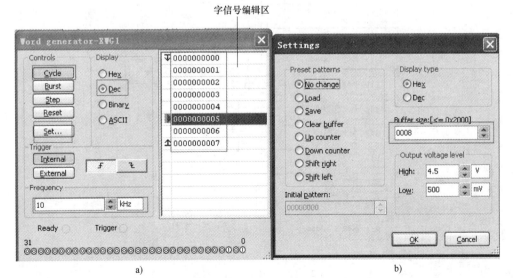

a)　　　　　　　　　　　　b)

图 3.9　设置数字信号发生器

10）单击【OK】按钮运行。双击逻辑分析仪 XLA1，出现显示结果，如图 3.10 所示。

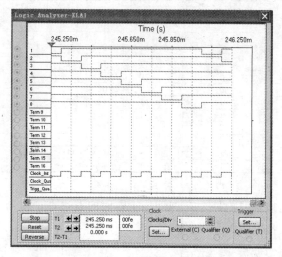

图 3.10　显示仿真结果

11）由图 3.10 可以看出，当 74HC138 的输入代码依次为 0、1、2、3、4、5、6、7 时，对应的输出端依次输出低电平。按此输出结果，可方便得到顺序脉冲发生器。该仿真结果符合 74HC138 译码器的逻辑功能。

12）重复步骤 2）~5），选择各元器件，根据图 3.2 连接仿真电路。74HC151 仿真电路如图 3.11 所示。

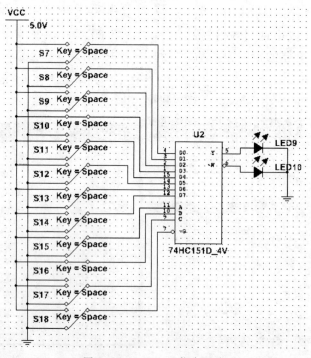

图 3.11　74HC151 仿真电路

13）单击运行，根据表3.2的输入设置逻辑状态，将仿真输出结果与工作原理进行比对，观察是否一致。

表3.2　74HC151（8选1）数据选择器逻辑功能测试表

片选控制端	地址码输入			数据选择输入		数据选择输出	
$\overline{ST}$	A2	A1	A0	Di		Y	$\overline{W}$
1	×	×	×	×		0	1
0	0	0	0	D0	0	0	1
					1	1	0
0	0	0	1	D1	0	0	1
					1	1	0
0	0	1	0	D2	0	0	1
					1	1	0
0	0	1	1	D3	0	0	1
					1	1	0
0	1	0	0	D4	0	0	1
					1	1	0
0	1	0	1	D5	0	0	1
					1	1	0
0	1	1	0	D6	0	0	1
					1	1	0
0	1	1	1	D7	0	0	1
					1	1	0

四、实验内容与实验步骤

前面已经进行过电路原理分析，并将仿真现象与理论进行了对比。接下来我们需要在实际电路上做实验，以进一步验证原理的正确性与仿真现象的合理性，具体步骤如下：

1）请确保 NI ELVIS Ⅱ+的电源处于断开状态。

2）将 NI ELVIS Ⅱ+自带的实验板取下，取出亚龙-NI ELVIS Ⅱ+系列实验模块转接主板（以下简称实验模块转接主板），将其插在 NI ELVIS Ⅱ+上，注意检查是否插接到位。

3）实验模块转接主板插接到位后，将 YL-1007B 数字电子基础2模块插在实验模块转接主板上，注意检查是否插接到位。

4）打开 NI ELVIS Ⅱ+工作站电源开关，等待计算机识别设备。

5）根据图3.1所示电路，将74HC138插入16脚IC接插槽中，将74HC138输入端 $\overline{E1}$～E3、A0～A2分别按顺序接到面板上的 DIO0～DIO5，将输出端 Y0～Y7 分别按顺序接到面板上的 DIO8～DIO15。电源（16脚）接到 VCC，接地（8脚）接到 GND。

6）打开计算机桌面上的【开始】→【所有程序】→【National Instruments】→【NI ELVISmx for NI ELVIS & myDAQ】→【NI ELVISmx Instruments Launcher】，在弹出的面板上单击打开【Digital Writer】和【Digital Reader】，根据所选的输入和输出端口设置 DIO。

7）开启数字电子基础 2 面板电源，按表 3.1 所列各输入引脚的状态设置【Digital Writer】，通过【Digital Reader】测试其各输出引脚的逻辑状态（高电平点亮），并将结果与前面对应仿真结果进行比对，观察是否一致。

8）断开数字电子基础 2 面板电源，移除器件，根据图 3.2 电路，将 74HC151 插入 16 脚 IC 接插槽中，将输入端 A0～A2 分别按顺序接到面板上的 DIO0～DIO2，$\overline{ST}$基本为固定状态，直接接 VCC 或 GND，数据选择输入（D0～D7）根据实验顺序依次接 VCC 或 GND，将输出端 Y、$\overline{W}$ 分别按顺序接到面板上的 DIO8～DIO9。电源（16 脚）接到 VCC，接地（8 脚）接到 GND。

9）开启数字电子基础 2 面板电源，按表 3.2 所列各输入引脚的状态设置【Digital Writer】，通过【Digital Reader】测试其各输出引脚的逻辑状态（高电平点亮），并将结果与前面对应仿真结果进行比对，观察是否一致。

项目四

全加器和超前进位全加器功能测试

一、实验项目目的

1）理解全加器和超前进位全加器（74HC283）逻辑功能。

2）掌握超前进位全加器（74HC283）的正确使用方法。

3）测试由集成逻辑门组成全加器和超前进位全加器 74HC283 的逻辑功能。

二、实验所需模块与元器件

1）YL-1007B 数字电子基础 2 一个。

2）CD4070 三片，CD4085 和 74HC283 各一片，杜邦线若干。

三、实验原理及电路仿真

（一）实验原理

由门电路组成的全加器如图 4.1，74HC283 超前进位全加器逻辑符号图如图 4.2 所示。

二者的工作原理介绍如下。

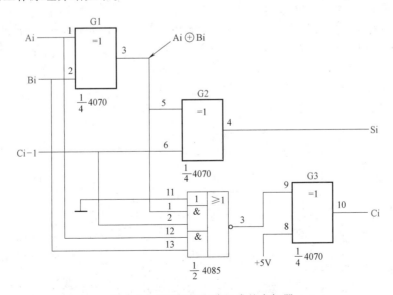

图 4.1　由逻辑门电路组成的全加器

全加器是实现二进制数加法的算术运算逻辑电路，它是用逻辑状态 1 和 0 表示 1 位二进制数。如果用两个 1 位二进制数 A 和 B 进行加法运算，对低位进位不参与加法运算的电路称为半加器，如果低位进位也参与加法运算，则此电路称为全加器。

图 4.1 是用多个逻辑门电路组成的全加器电路，输入 Ai 和 Bi 表示被加数和加数，Ci-1 表示低位进位，输出 Si 和 Ci 分别为本位和向高位进位的数，它们的逻辑状态 1 和 0 均表示为二进制数数值。

图中，$Si = Ai \oplus Bi \oplus (Ci-1)$，表示 Ai、Bi 和 Ci-1 位有奇数个为 1，即三个数相加其和数 Si 必为 1 的逻辑，图中 G3（异或门）用作反相器，即当其一个输入端置为 1，根据"相同输出 0，相异输出 1"，则输出必与另一个输入状态相反。因此，$Ci = Ai \cdot Bi + (Ai \oplus Bi) \cdot (Ci-1)$，表示 Ai、Bi 均为 1 或 Ci-1 为 1 且 Ai、Bi 中有 1 个为 1，必向高位进一位，故进位 Ci 必为 1。这就是全加器的输出与输入数值的逻辑关系。

如果要实现多位二进制的加法运算，则必须将多个全加器电路由低位向高位串联连接，这必然影响运算速度。如果通过运算规律判断多位加法运算结果有进位，可直接反映到输出端，加快了运算速度，74HC283（或 CD4008）的两个 4 位二进制超前进位全加器即满足这一需求。74HC283 的逻辑符号图如图 4.2 所示。其中 A0~A3 为被加数，B0~B3 为加数，CI 输入为低位进位，运算结果 S0~S3 为和数，而 CO 输出为向高位进位的数。

（二）电路仿真

1）打开 Multisim 电子电路仿真软件，单击【File】→【New】→【Blank】→【Create】，新建一个空白的图纸。

2）右击图纸空白区域，选择【Place Component】，打开【Select a Component】对话框在【Group】下拉菜单中选择【ALL Groups】，在【Family】选项框中选择【All Families】，在【Component】下搜索 4070 和 4085，把【4070BD_ 5V】和【4085BD_ 5V】放在图纸上，如图 4.3 所示。

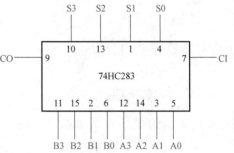

图 4.2　74HC283 超前进位全加器逻辑符号图

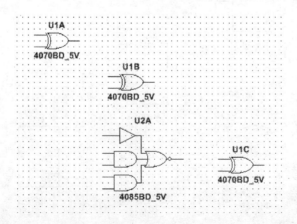

图 4.3　把【4070BD_ 5V】和【4085BD_ 5V】放在图纸上

3）打开【Select a Component】对话框，在【Group】下拉菜单中选择【Basic】，在【Family】选项框中选择【SWITCH】，在【Component】下把【SPDT】（设置高低电平）放在图纸上，如图4.4所示。

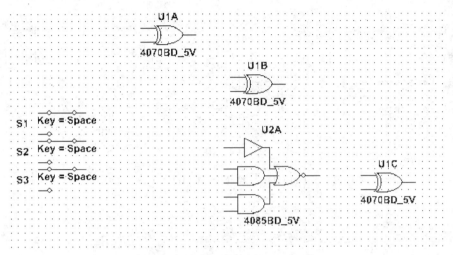

图4.4   把【SPDT】放在图纸上

4）打开【Select a Component】对话框，在【Group】下拉菜单中选择【Diodes】，在【Family】选项框中选择【LED】，在【Component】下把【LED_ red】（输出高电平点亮）放在图纸上，如图4.5所示。

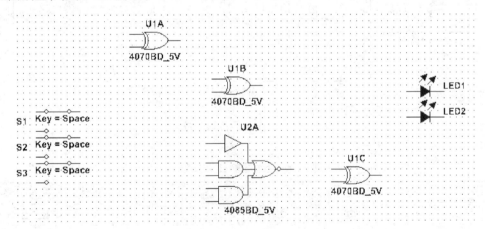

图4.5   把【LED_ red】放在图纸上

5）打开【Select a Component】对话框，在【Group】下拉菜单中选择【Sources】，在【Family】选项框中选择【POWER_ SOURCES】，在【Component】选项框中分别选择【VCC】 ⊤ 和【GROUND】 ⏚ ，放置在图纸上，如图4.6所示。

6）将步骤2）~5）中所选择的各元器件根据图4.1连接仿真电路，全加器仿真电路如图4.7所示。

7）单击运行，根据表4.1的输入设置逻辑状态，将仿真输出结果与其工作原理进行比对，观察是否一致。

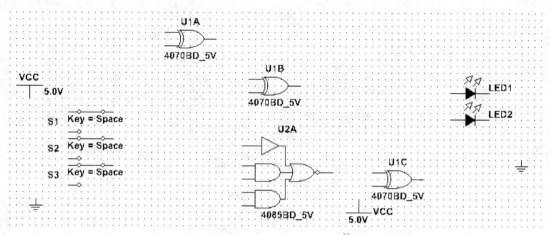

图 4.6 选择【VCC】和【GROUND】放置在图纸上

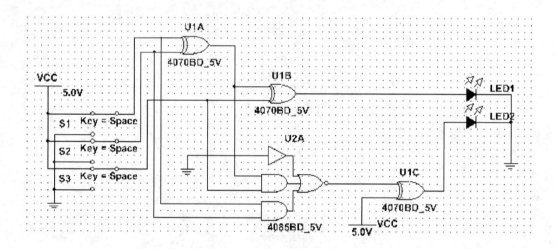

图 4.7 全加器仿真电路

表 4.1 全加器输出状态测试

输入			输出	
被加数 Ai	加数 Bi	低位进位 Ci−1	本位和 Si	向高位进位 Ci
0	0	0	0	0
0	0	1	1	0
0	1	0	1	0
0	1	1	0	1
1	0	0	1	0
1	0	1	0	1
1	1	0	0	1
1	1	1	1	1

8）重复步骤2）~5）进行器件选择，根据图4.2连接仿真电路，如图4.8所示。

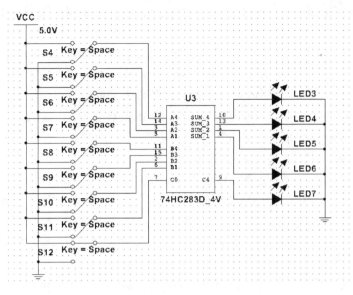

图4.8　74HC283仿真电路

9）单击运行，根据表4.2的输入设置逻辑状态，将仿真输出结果与工作原理进行比对，观察是否一致。

表4.2　74HC283超前进位全加器测试

输入											输出				
$(N_A)_{10}$	A3	A2	A1	A0	$(N_B)_{10}$	B3	B2	B1	B0	CI	CO	S3	S2	S1	$S0 = (N_S)_{10}$
$(2)_{10}$	0	0	1	0	$(3)_{10}$	0	0	1	1	1	0	0	1	1	0
$(6)_{10}$	0	1	1	0	$(9)_{10}$	1	0	0	1	0	0	1	1	1	1
$(14)_{10}$	1	1	1	0	$(11)_{10}$	1	0	1	1	1	1	1	0	1	0
$(10)_{10}$	1	0	1	0	$(8)_{10}$	1	0	0	0	0	0	0	1	1	0
$(15)_{10}$	1	1	1	1	$(12)_{10}$	1	1	0	0	1	1	1	1	0	0

注：$(N_S)_{10}$是用十进制数表示输出的二进制数。

四、实验内容与实验步骤

前面已经进行过电路原理分析，并将仿真现象与理论进行了对比。接下来我们需要在实际电路上做实验，以进一步验证原理的正确性与仿真现象的合理性，具体步骤如下：

1）请确保 NI ELVIS Ⅱ+的电源开关处于断开电源状态。

2）将 NI ELVIS Ⅱ+自带的实验板取下，取出亚龙-NI ELVIS Ⅱ+系列实验模块转接主板，将其插在 NI ELVIS Ⅱ+上，注意检查是否插接到位。

3）实验模块转接主板插接到位后，将 YL-1007B 数字电子基础2模块插在实验模块转接主板上，注意检查是否插接到位。

4）打开 NI ELVIS Ⅱ+工作站电源开关，等待计算机识别设备。

5）根据图4.1所示电路，将 CD4070 和 CD4085 分别插入14脚 IC 接插槽中，将

CD4070 输入端 Ai、Bi、Ci-1 分别按顺序接到面板上的 DIO0~DIO2，将 CD4070 输出端 Si、Ci 分别按顺序接到面板上的 DIO8、DIO9，其余按图 4.1 进行连接，其电源（14 脚）接到 VCC，接地（7 脚）接到 GND。

6）打开计算机桌面上【开始】→【所有程序】→【National Instruments】→【NI ELVISmx for NI ELVIS & myDAQ】→【NI ELVISmx Instruments Launcher】，在弹出面板上单击打开【Digital Writer】和【Digital Reader】，根据所选的输入和输出端口设置 DIO。

7）开启数字电子基础 2 电源，按表 4.1 所列各输入引脚的状态设置【Digital Writer】，通过【Digital Reader】测试其各输出引脚的逻辑状态（高电平点亮），并将结果与前面对应仿真结果进行比对，观察是否一致。

8）关闭数字电子基础 2 电源，移除器件，根据图 4.2 所示电路，将 74HC283 插入 16 脚 IC 接插槽中，将 74HC283 输入端 A0~A3、B0~B3 分别按顺序接到面板上的 DIO0~DIO7，输入端 CI 由于端口数量限制，可根据实验状态接 VCC 或 GND，将输出端 CO、S0~S3 分别按顺序接到面板上的 DIO8~DIO12，其电源（16 脚）接到 VCC，接地（8 脚）接到 GND。

9）打开计算机桌面上【开始】→【所有程序】→【National Instruments】→【NI ELVISmx for NI ELVIS & myDAQ】→【NI ELVISmx Instruments Launcher】，在弹出面板上单击打开【Digital Writer】和【Digital Reader】，根据所选的输入和输出端口设置 DIO。

10）开启数字电子基础 2 面板电源，按表 4.2 所列各输入引脚的状态设置【Digital Writer】，通过【Digital Reader】测试其各输出引脚的逻辑状态（高电平点亮），并将结果与前面对应仿真结果进行比对，观察是否一致。

项目五

数值比较器功能测试

一、实验项目目的

1）熟悉数值比较器的逻辑功能。

2）熟悉 4 位数值比较器 CD4585 的引脚功能和使用方法。

3）掌握多片 4 位数值比较器和拨码盘组成的 2 位十进制数的级联方法。

二、实验所需模块与元器件

1）YL-1007B 数字电子基础 2 模块一个。

2）CD4585 两片、CD4001 一片、CD4081 和 CD4069 各两片，杜邦线若干。

三、实验原理及电路仿真

（一）实验原理

1. 1 位二进制数值比较器

图 5.1 为门电路组成的 1 位二进制数值比较器，A 和 B 两个二进制数仅为 1 和 0。

1）当 A = 1、B = 0（即 A>B）时，输出 Z3（A>B）为 1，其余输出为 0。

2）当 A = 0、B = 1（即 A<B）时，输出 Z1（A<B）为 1，其余输出为 0。

3）当 A = B 时，输出 Z2（A = B）为 1，其余输出为 0。

具体过程可根据项目一介绍的基本逻辑门电路的工作原理进行分析。

2. 两片二进制 4 位数值比较器 4585 组成一个两位数十进制数值比较电路

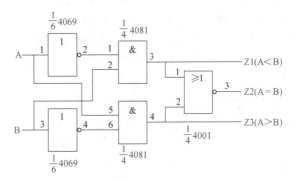

图 5.1　1 位二进制数值比较器

图 5.2 所示电路是由两片 4 位数值比较器 CD4585 组成的一个两位数十进制数值比较电路，4 位二进制数为 0000 ~ 1111，现该电路用两个表示两位十进制数的 BCD 码进行比较。

比如一个两位数十进制数 12，其两个位数 1 与 2 分别用两个 BCD 码表示，即 0001 与 0010。

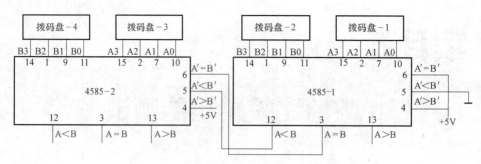

图 5.2　2 位 BCD 码十进制数值比较电路

A0~A3 和 B0~B3 为两个 4 位二进制数 A 和 B 的输入端，其比较结果由 A<B、A＝B、A>B 三个端子输出，若 A3>B3，则 A>B，故输出 A>B 为 1，而输出端 A＝B、A<B 均为 0；若 A3<B3，则 A<B，则输出 A<B 为 1，其余输出为 0；若 A3＝B3，则可通过判断次高位 A2 和 B2 来决定输出结果，依此类推。若 A 和 B 输入的 4 位数全相等，对多个 A 和 B 比较而言，并不能说明 A＝B，还得看 4585-1 低 4 位数的 A 和 B 的比较结果，若低位两个 4 位二进制数比较结果也为 A＝B，则通过将输出结果（A＝B）＝1 级联到代表高位比较的 4585-2 的低位比较结果输入端（A′＝B′）＝1，此时 4585-2 高位输出端才能为（A＝B）＝1。

图 5.2 中 A′＝B′、A′<B′和 A′>B′为低位比较结果输入端，即当本位两个数 A＝B 时，则由低位比较结果决定，最后结果由高位芯片输出状态决定。由于低位比较输入内部电路有优先权，即在 A＝B 情况下，A′＝B′和 A′<B′输入有优先权，其中任一个为 1 态，均能使输出 A＝B 或 A<B 为 1，与 A′>B′状态无关，只有当 A′＝B′和 A′<B′均为 0 态时，A′>B′＝1 有效，使 A>B 为 1。故两片 CD4585 级联时，设置 A′>B′为 1，而 A′＝B′、A′<B′分别与低位片输出 A＝B、A<B 对应连接，如图 5.2 所示。

在电路中，用拨码盘（数字电子基础 2 模块右上角的 BCD 码输出电路）的置数端作为一个两位十进制数的数码 A 或 B 输入，其结构原理如图 5.3 所示。当拨码盘按钮拨至数码为"6"时，内部转盘开关 S3、S2 闭合，则代表其中一位十进制数的 BCD 码的 A3、A2、A1、A0 对应为 0110，即（0110）$_{BCD}$＝（6）$_{10}$，则输入到 CD4585 的数码也为 0110。图 5.2 中拨码盘-3、拨码盘-1 作为十进制数 A 的两个位数的高、低位输入，比如十进制数 12，拨码盘-3 处应该输入 0001，拨码盘-1 处应该输入 0010，拨码盘-4、拨码盘-2 作为十进制数 B 的两个位数的高、低位输入。比较结果由 4585-2 输出。

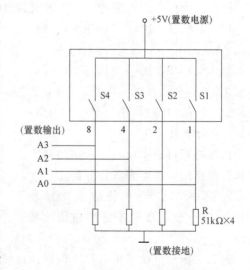

图 5.3　拨码盘置数原理结构

（二）电路仿真

电路仿真步骤如下：

1）打开 Multisim 电子电路仿真软件，单击【File】→【New】→【Blank】→【Create】，新建一个空白的图纸。

2）右击图纸空白区域，选择【Place Component】，在打开的【Select a Component】对话框中单击【Group】下拉菜单，选择【ALL Groups】，在【Family】选项框中选择【All Families】，在【Component】下搜索4069、4081、4001，把【4069BD_ 5V】、【4081BD_ 5V】、【4001BD_ 5V】放在图纸上，如图5.4所示。

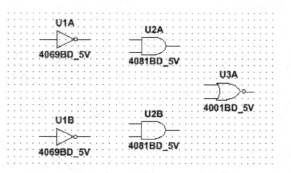

图 5.4 把【4069BD_ 5V】、【4081BD_ 5V】、【4001BD_ 5V】放在图纸上

3）打开【Select a Component】对话框，在【Group】下拉菜单中选择【Basic】，在【Family】选项框中选择【SWITCH】，在【Component】下把【SPDT】（设置高低电平）放在图纸上，如图5.5所示。

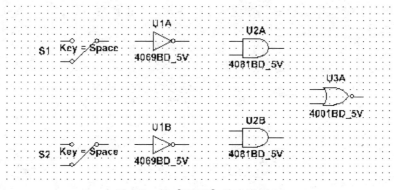

图 5.5 把【SPDT】放在图纸上

4）打开【Select a Component】对话框，在【Group】下拉菜单中选择【Diodes】，在【Family】选项框中选择【LED】，在【Component】下把【LED_ red】（输出高电平点亮）放在图纸上，如图5.6所示。

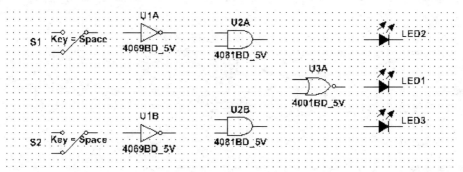

图 5.6 把【LED_ red】放在图纸上

5）打开【Select a Component】对话框中的【Group】下拉菜单，选择【Sources】，在【Family】选项框中选择【POWER＿SOURCES】，在【Component】选项框中分别选择【VCC】⊤和【GROUND】⏚放置在图纸上，如图 5.7 所示。

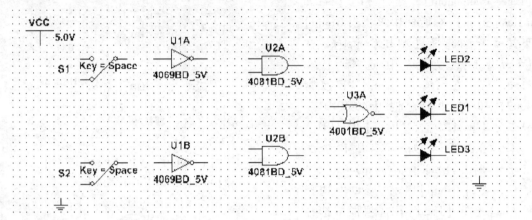

图 5.7　选择【VCC】⊤和【GROUND】⏚放置在图纸上

6）将步骤 2）~5）中选择的元器件，根据图 5.1 连接仿真电路，如图 5.8 所示。

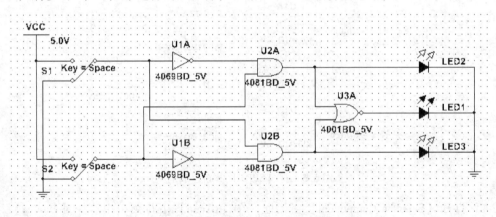

图 5.8　1 位二进制数值比较器仿真电路

7）单击运行，根据表 5.1 的输入设置逻辑状态，将仿真输出结果与其工作原理进行比对，观察是否一致。

表 5.1　两个 1 位二进制数比较测试

序号	输入		输出		
	A	B	Z1（A<B）	Z2（A＝B）	Z3（A>B）
1	0	0	0	1	0
2	0	1	1	0	0
3	1	0	0	0	1
4	1	1	0	1	0

8）根据图 5.2 连接仿真电路（注意：将 4585-2 的 13 脚接至 4585-1 的 4 脚），如图

5.9 所示。

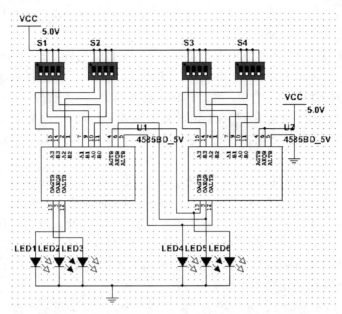

图 5.9　2 位 BCD 码十进制数值比较电路的仿真电路

请注意，仿真电路中数值比较器 4585 判断低位状态的 4 脚、5 脚、6 脚没有优先权，必须全部与低位芯片三个引脚相连才可以正确仿真，与实际电路略有不同，但并不影响理解该芯片的工作原理。

9）单击运行，根据表 5.2 的输入设置逻辑状态，将仿真输出结果与工作原理进行比对，观察是否一致。

表 5.2　2 位 BCD 码十进制数值比较测试

序号	输入数码		被比较数		低位片输出			高位片输出		
	A 数		B 数		4585-1（UI）			4585-2（U2）		
	拨码盘-3	拨码盘-1	拨码盘-4	拨码盘-2	A<B	A=B	A>B	A<B	A=B	A>B
1	$(3)_{BCD}$	$(6)_{BCD}$	$(4)_{BCD}$	$(5)_{BCD}$	0	0	1	1	0	0
2	$(7)_{BCD}$	$(2)_{BCD}$	$(5)_{BCD}$	$(7)_{BCD}$	1	0	0	0	0	1
3	$(4)_{BCD}$	$(9)_{BCD}$	$(3)_{BCD}$	$(9)_{BCD}$	0	1	0	0	0	1
4	$(5)_{BCD}$	$(7)_{BCD}$	$(5)_{BCD}$	$(6)_{BCD}$	0	0	1	0	0	1
5	$(5)_{BCD}$	$(3)_{BCD}$	$(5)_{BCD}$	$(5)_{BCD}$	1	0	0	0	1	0
6	$(6)_{BCD}$	$(1)_{BCD}$	$(6)_{BCD}$	$(1)_{BCD}$	0	1	0	0	1	0

四、实验内容与实验步骤

前面已经进行过电路原理分析，并将仿真现象与理论进行了对比。接下来我们需要在实际电路上做实验，以进一步验证原理的正确性与仿真现象的合理性，具体步骤如下：

1）请确保 NI ELVIS Ⅱ+的电源处于断开状态。

2）将 NI ELVIS Ⅱ+自带的实验板取下，取出亚龙-NI ELVIS Ⅱ+系列实验模块转接主板（以下简称实验模块转接主板），将其插在 NI ELVIS Ⅱ+上，注意检查是否插接到位。

3）实验模块转接主板插接到位后，将 YL-1007B 数字电子基础 2 模块插在实验模块转接主板上，注意检查是否插接到位。

4）打开 NI ELVIS Ⅱ+工作站电源开关，等待计算机识别设备。

5）根据图 5.1 所示电路，将 CD4069、CD4081、CD4001 分别插入 14 脚、16 脚 IC（14 脚有限，接 16 脚）接插槽中，将 CD4069 输入端 A、B 分别按顺序接到面板上的 DIO0～DIO1，将 CD4081 输出端 Z1、CD4001 输出端 Z2、CD4081 输出端 Z1 分别按顺序接到面板上的 DIO8～DIO10，其余按图 5.1 连接，其电源（14 脚）接到 VCC，接地（7 脚）接到 GND。

6）打开计算机桌面上【开始】→【所有程序】→【National Instruments】→【NI ELVISmx for NI ELVIS & myDAQ】→【NI ELVISmx Instruments Launcher】，在弹出面板上单击打开【Digital Writer】和【Digital Reader】，根据所选的输入和输出端口设置 DIO。

7）开启数子电子基础 2 面板电源，按表 5.1 所列各输入引脚的状态设置【Digital Writer】，通过【Digital Reader】测试其各输出引脚的逻辑状态（高电平点亮），并将结果与前面对应仿真结果进行比对，观察是否一致。

8）关闭数子电子基础 2 面板电源，移除器件，根据图 5.2 所示电路，将两片 CD4585 分别插入 16 脚 IC 接插槽中，将输入端拨码盘-4、拨码盘-3、拨码盘-2、拨码盘-1 分别按顺序接到数字电子基础 2 模块上的 BCD 码输出模块（例如：拨码盘-4 的 B3～B0 脚按顺序接 BCD 码输出模块的一组 8、4、2、1），将 CD4585-1 输出端 12 脚（A<B）、3 脚（A=B）、13 脚（A>B）和 CD4585-2 输出端 12 脚（A<B）、3 脚（A=B）、13 脚（A>B）分别按顺序接到数字电子基础 2 模块上的 DIO8～DIO13，其余按图 5.2 连接，其电源（16 脚）接到 VCC，地（8 脚）接到 GND，BCD 码输出模块与数码管驱动电路模块共用，将数码管驱动电路模块接上 VCC 和 GND。

9）打开计算机桌面上【开始】→【所有程序】→【National Instruments】→【NI ELVISmx for NI ELVIS & myDAQ】→【NI ELVISmx Instruments Launcher】，在弹出面板上单击打开【Digital Reader】，根据所选的输出端口设置 DIO。

10）开启数字电子基础 2 面板电源，按表 5.2 所列各输入引脚的状态设置 BCD 码输出模块，通过【Digital Reader】测试其各输出引脚的逻辑状态（高电平点亮），并将结果与前面对应仿真结果进行比对，观察是否一致。

项目六

七段码锁存/译码/驱动器功能测试

一、实验项目目的

1）掌握共阴极 LED 七段数码管的引脚排列及其使用方法。
2）掌握 74LS248 七段码译码/驱动器各引脚的功能及其使用方法。
3）掌握 74LS248 器件的逻辑功能。
4）学会 74LS248 与七段 LED 数码管的连接和使用方法。

二、实验所需模块与元器件

1）YL-1007B 数字电子基础 2 模块一个。
2）74LS248 一片。杜邦线若干。

三、实验原理及电路仿真

（一）实验原理

图 6.1 为共阴极 LED 数码管的引脚排列图，其内部结构如图 6.2 所示。将 8 个发光二极管（以下简称 LED）的阴极（引脚 3、8）相连后用于接地，8 个 LED 排列成七段数码和小数点的形式，并引出 a～g 和 DP 8 个引脚。当 LED 阳极接高电平时，在 a～g 数码段的二极管发光，就可以显示出相应的数。由于 LED 正向导通时，其正向电压降 $U_F \approx$ 2V，而正向电流 $I_F \approx 20\text{mA}$，因此，若用 5V 高电平去驱动发光，则每一个 LED 应串限流

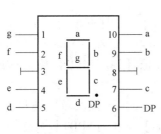

图 6.1 共阴极 LED 数码管引脚排列图

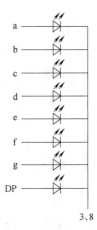

图 6.2 共阴极 LED 数码管内部结构图

电阻 $R = \dfrac{5\text{V} - U_{\text{F}}}{I_{\text{F}}} \approx \dfrac{(5-2)\,\text{V}}{(20 \times 10^{-3})\,\text{A}} \approx 150\,\Omega$。

图 6.3 为 74LS248 七段码译码/驱动器逻辑符号图，图 6.4 为 74LS248 驱动共阴极 LED 数码管的连线图。74LS248 的输入 D、C、B、A 为十进制 BCD 4 位数码 $(0 \sim 9)_{10}$，即 $(0000 \sim 1001)_2$。当某一个 BCD 码输入时，相应数字的码段为高电平，使数码管显示对应数字。如输入 D、C、B、A 为 0101 = $(5)_{10}$，则相应码段 afgcd 为高电平（若 V_{dd} 为 +5V，则 afgcd 均为高电平，接近 5V），使数码管显示 "5"，其余依此类推。74LS248 还有 3 个控制功能引脚，即 $\overline{\text{LT}}$、$\overline{\text{BI}}/\overline{\text{RBO}}$、$\overline{\text{RBI}}$。$\overline{\text{BI}}/\overline{\text{RBO}}$ 为灭灯输入端，即当 $\overline{\text{BI}}/\overline{\text{RBO}} = 0$ 时，不管 $\overline{\text{LT}}$、$\overline{\text{RBI}}$ 为任何状态，数码管都不显示；$\overline{\text{LT}}$ 为试灯输入端，即 $\overline{\text{BI}}/\overline{\text{RBO}} = 1$，$\overline{\text{LT}} = 0$ 时，a ~ f 全为 1，显示 "8"，以测试数码管是否完好。若使用其他引脚功能，必须将 $\overline{\text{LT}}$、$\overline{\text{BI}}/\overline{\text{RBO}}$ 均置 1，$\overline{\text{RBI}}$ 为任意，数码管根据 D、C、B、A 输入进行译码显示。另外，当输入 D、C、B、A 为 $(10 \sim 15)_{10}$，则认为是错误码，译码器译出的数字为无用码。只有当 D、C、B、A 输入范围为 $(0 \sim 9)_{10}$ 时才有译码输出，显示相应数字。

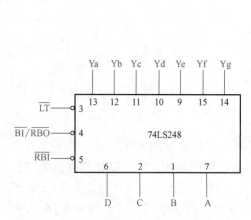

图 6.3　七段码译码/驱动器逻辑符号图

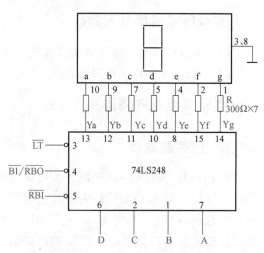

图 6.4　74LS248 驱动共阴极 LED 数码管的连线图

（二）电路仿真

电路仿真步骤如下：

1）打开 Multisim 电子电路仿真软件后，单击【File】→【New】→【Blank】→【Create】，新建一个空白的图纸。

2）右击图纸空白区域，选择【Place Component】，在打开的【Select a Component】对话框中单击【Group】下拉菜单，选择【ALL Groups】，在【Family】选项框中选择【All Families】，在【Component】下搜索 74LS248，把【74LS248D】放在图纸上，如图 6.5 所示。

3）打开【Select a Component】对话框，在【Group】下拉菜单中选择【Basic】，在【Family】选项框中选择【SWITCH】，在【Component】下把【SPDT】放在图纸上（用于设置高低电平），如图 6.6 所示。

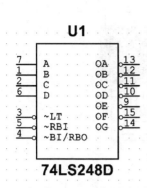

图 6.5　把【74LS248D】放在图纸上

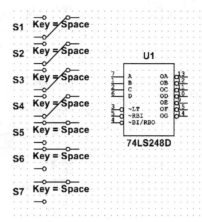

图 6.6　把【SPDT】放在图纸上

4）打开【Selecta Component】对话框，在【Group】下拉菜单中选择【Indicators】，在【Family】选项框中选择【HEX_DISPLAY】，在【Component】下选择 SEVEN_SEG_DECIMAL_COM_A，把【SEVEN_SEG_DECIMAL_COM_A】放在图纸上，如图 6.7 所示。

5）打开【Select a Component】对话框中的【Group】下拉菜单，选择【Sources】，在【Family】选项框中选择【POWER_SOURCES】，在【Component】选项框中分别选择【VCC】┬ 和【GROUND】⏚放置在图纸上，如图 6.8 所示。

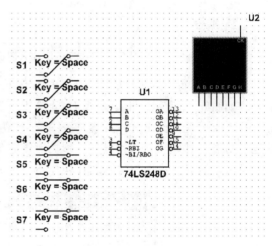

图 6.7　把【SEVEN_SEG_DECIMAL_COM_A】放在图纸上

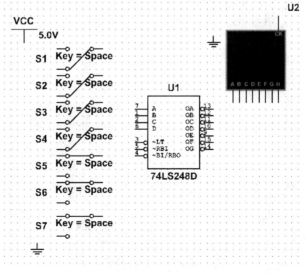

图 6.8　选择【VCC】和【GROUND】放置在图纸上

6）将步骤 2）~5）中选择的元器件根据图 6.4 连接仿真电路，如图 6.9 所示。

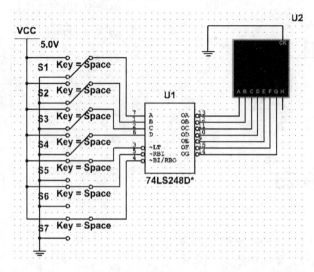

图 6.9　74LS248 驱动共阴极 LED 数码管仿真电路

7）单击运行，双击 74LS248D 芯片（图 6.10），打开 Edit model 中的数学模型逻辑功能表，如图 6.11 所示。根据图 6.11 的输入设置逻辑状态，将仿真输出结果与图 6.11 中的芯片工作原理进行比对，观察是否一致。（仿真芯片 74LS248 的逻辑功能表与实际芯片的逻辑功能表有些许不同，但并不影响对该芯片译码功能的理解。读者也可以对比实际芯片的逻辑功能表，找出与实际芯片功能不一致的地方。）

图 6.10　双击 74LS248D 芯片

LT'	RBI'	D	C	B	A	BI/RBO'	A	B	C	D	E	F	G
H	H	L	L	L	L	H	H	H	H	H	H	H	L
H	H	L	L	L	H	H	L	H	H	L	L	L	L
H	H	L	L	H	L	H	H	H	L	H	H	L	H
H	H	L	L	H	H	H	H	H	H	H	L	L	H
H	H	L	H	L	L	H	L	H	H	L	L	H	H
H	H	L	H	L	H	H	H	L	H	H	L	H	H
H	H	L	H	H	L	H	L	L	H	H	H	H	H
H	H	L	H	H	H	H	H	H	H	L	L	L	L
H	H	H	L	L	L	H	H	H	H	H	H	H	H
H	H	H	L	L	H	H	H	H	H	H	L	L	H
H	H	H	L	H	L	H	L	L	L	H	H	L	H
H	H	H	L	H	H	H	L	L	L	H	H	L	H
H	H	H	H	L	L	H	L	H	L	L	L	H	H
H	H	H	H	L	H	H	L	L	L	H	L	H	H
H	H	H	H	H	L	H	L	L	L	H	H	H	H
H	H	H	H	H	H	H	L	L	L	L	L	L	L
X	X	X	X	X	X	L	L	L	L	L	L	L	L
H	L	L	L	L	L	L	L	L	L	L	L	L	L
L	X	X	X	X	X	H	H	H	H	H	H	H	H
H	X	X	X	X	X	H	H	H	H	H	H	H	H

图 6.11　仿真软件中 74LS248 的逻辑功能表

四、实验内容与实验步骤

前面已经进行过电路原理分析，并将仿真现象与理论进行了对比。接下来我们需要在实际电路上做实验，以进一步验证原理的正确性与仿真现象的合理性，具体步骤如下：

1）请确保 NI ELNIS Ⅱ+的电源处于断开状态。

2）将 NI ELNIS Ⅱ+自带的实验板取下，取出亚龙-NI ELVIS Ⅱ系列实验模块转接主板（以下简称实验模块转接主板），将其插在 NI ELNIS Ⅱ+上，注意检查是否插接到位。

3）实验模块转接主板插接到位后，将 YL-1007B 数字电子基础 2 模板插在实验模块转接主板上，注意检查是否插接到位。

4）打开 NI ELVIS Ⅱ+工作站电源开关，等待计算机识别设备。

5）根据图 6.4 所示电路，将 74LS248 插入 16 脚 IC 接插槽中，将 74LS248 输入端$\overline{LT}$、$\overline{BI/RBO}$、$\overline{RBI}$、D、C、B、A 分别按顺序接到面板上的 DIO0～DIO7，将输出端 Ya～Yg 分别按顺序接到面板上的 DIO8～DIO14，输出端 Ya～Yg 接面板上的单个数码管（限流电阻已接），其电源（16 脚）接到 VCC，接地（8 脚）接到 GND。

6）打开计算机桌面上的【开始】→【所有程序】→【National Instruments】→【NI ELVISmx for NI ELVIS & myDAQ】→【NI ELVISmx Instruments Launcher】，在弹出面板上单击打开【Digital Writer】和【Digital Reader】，根据所选的输入和输出端口设置 DIO。

7）开启数字电子基础 2 面板上的电源，按表 6.1 所列各输入引脚的状态设置【Digital Writer】，通过【Digital Reader】测试其各输出引脚的逻辑状态（高电平点亮），结果见表 6.1。

表 6.1 74LS248 七段码锁存/译码/驱动器逻辑功能测试

序号	输入							输出							功能分析
	$\overline{LT}$	$\overline{BI}/\overline{RBO}$	$\overline{RBI}$	D	C	B	A	Ya	Yb	Yc	Yd	Ye	Yf	Yg	
1	0	1	×	×	×	×	×	1	1	1	1	1	1	1	显示"8"
2	×	0	×	×	×	×	×	0	0	0	0	0	0	0	灭灯
3	1	1	×	0	0	0	0	0	0	0	0	0	0	0	
4	1	1	×	0	0	0	1	0	1	1	0	0	0	0	
5	1	1	×	0	0	1	0	1	1	0	1	1	0	1	
6	1	1	×	0	0	1	1	1	1	1	1	0	0	1	
7	1	1	×	0	1	0	0	0	1	1	0	0	1	1	
8	1	1	×	0	1	0	1	1	0	1	1	0	1	1	
9	1	1	×	0	1	1	0	0	0	1	1	1	1	1	
10	1	1	×	0	1	1	1	1	1	1	0	0	0	0	译码
11	1	1	×	1	0	0	0	1	1	1	1	1	1	1	
12	1	1	×	1	0	0	1	1	1	1	0	0	1	1	
13	1	1	0	1	0	1	0	0	0	0	1	1	0	1	
14	1	1	0	1	0	1	1	0	0	1	1	0	0	1	
15	1	1	0	1	1	0	0	0	1	0	0	0	1	1	
16	1	1	0	1	1	0	1	1	0	0	1	0	1	1	
17	1	1	0	1	1	1	0	0	0	0	1	1	1	1	
18	1	1	0	1	1	1	1	0	0	0	0	0	0	0	

项目七

各类触发器功能测试

一、实验项目目的

1）掌握由与非门、或非门组成基本 RS 触发器的逻辑功能。

2）掌握 CD4013 双 D 触发器的逻辑功能和使用方法。

3）掌握 74HC112 双 JK 触发器的逻辑功能和使用方法。

4）了解 D 触发器、JK 触发器构成 T′触发器的方法。

二、实验所需模块与元器件

1）YL-1007B 数字电子基础 2 模块一个。

2）CD4011、CD4001、CD4013、74HC112 各一块，杜邦线若干。

三、实验原理及电路仿真

（一）实验原理

1. 基本 RS 触发器

触发器是具有记忆逻辑状态功能的电路。图 7.1a 为由与非门组成的基本 RS 触发器，R（Reset）称为复位端，即置 0 端，S（Set）称为置位端，又称置 1 端，字母上加"非（−）"号表示低电平有效，Q 和 $\overline{Q}$ 为互补输出。图 7.1b 为由或非门组成的电路，R、S 为高电平有效。对 $\overline{R}$、$\overline{S}$ 两者不允许同时为 0，而对 R、S 两者不允许同时为 1，否则 R、S 由"0、0"变为"1、1"，使 Q 状态不确定。同理，R、S 由"1、1"变成"0、0"，Q

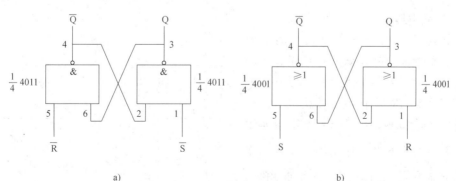

图 7.1　由与非门和或非门组成的基本 RS 触发器

状态也不确定。触发器均有两个互补输出端，输出状态均以 Q 命名，即输出 1 态表示 Q=1，输出 0 态表示 Q=0。因而，触发器 Q 可以为 1 或 0 两个稳定状态。

2. 上升沿边沿触发 D 触发器

图 7.2 为 CMOS CD4013 双 D 触发器逻辑符号图，其中 R_D、S_D 相当于由或非门组成基本 RS 触发器，可直接将 Q 置 0 或置 1，与时钟脉冲 CP 和 D 端状态无关，但不允许使 R_D、S_D 同时为 1。使用 CP 和 D 的功能时，R_D、S_D 均须为 0，这时，Q 端状态与 CP 上升沿之前瞬间 D 的状态相同，即 CP 上升沿到来时，Q 端状态可按 D 的状态翻转，现用 Q^{n+1} 表示 CP 上升沿之后的状态，称为次态，而 CP 上升沿之前的状态用 Q^n 表示，称为初态，表示输出次态 Q^{n+1} 与输入 D 状态关系的特性方程为 $Q^{n+1}=D$。

3. 下降沿边沿触发 JK 触发器

图 7.3 为 CMOS 74HC112 双 JK 触发器的逻辑符号图，其中 $\overline{R_D}$、$\overline{S_D}$ 相当于由与非门组成的基本 RS 触发器，可直接将 Q 端置 0 或置 1，与 $\overline{CP}$ 和 J、K 端状态无关，但不允许 $\overline{R_D}$、$\overline{S_D}$ 同时为 0。要使用 CP 和 JK 端功能，必须将 $\overline{R_D}$、$\overline{S_D}$ 都置为 1，这时，Q 状态由 $\overline{CP}$ 下降沿之前 JK 的状态决定，其特性方程为 $Q^{n+1}=\overline{J}\overline{Q^n}+\overline{K}Q^n$。$Q^{n+1}$ 输出与 J、K 的关系为：J、K 为"0、0"，Q^{n+1} 状态不变；J、K 为"0、1"输出 0，J、K 为"1、0"输出 1；J、K 为"1、1"则翻转（即输出 Q 原为 0 变为 1，或原为 1 变为 0，这称为计数状态）。

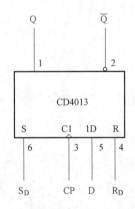 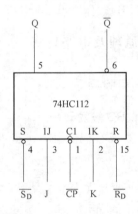

图 7.2　CD4013 双 D 触发器逻辑符号图　　　图 7.3　74HC112 双 JK 触发器

4. T′触发器

T′触发器是工作于计数状态的触发器，即在每次 CP 触发脉冲作用下，Q 的状态就翻转一次，完成对 CP 二分频。T′触发器可以由 JK 或 D 触发器构成，其电路如图 7.4a、b 所示，由于 J、K 相连置 1，故每当 $\overline{CP}$ 的下降沿作用时，Q 状态变化 1 次；而 D 触发器将 D 端与 $\overline{Q}$ 相连，而 $\overline{Q}$ 与 Q 状态始终相反，即 D 与 Q 状态

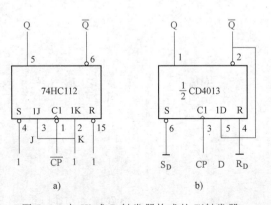

图 7.4　由 JK 或 D 触发器构成的 T′触发器

相反，如 $Q=1$，则 $\overline{Q}=0$，故当 CP 上升沿作用时，Q 状态变为 0；反之，$Q=0$，则 $\overline{Q}=1$，当 CP 上升沿作用后，Q 变为 1，这样每来 1 个 CP，Q 就翻转 1 次。

T'触发器工作方式也可用于检验 JK 或 D 触发器器件的好坏。若连线正确，而输出状态不对，说明器件已坏。

（二）电路仿真

电路仿真步骤如下：

1）打开 Multisim 电子电路仿真软件后，单击【File】→【New】→【Blank】→【Create】，新建一个空白的图纸。

2）右击图纸空白区域，选择【Place Component】，在打开的【Select a Component】对话框中单击【Group】下拉菜单，选择【ALL Groups】，在【Family】选项框中选择【All Families】，在【Component】下搜索 4011，把【4011BD_5V】放在图纸上，如图 7.5 所示。

3）打开【Select a Component】对话框，在【Group】下拉菜单中选择【Basic】，在【Family】选项框中选择【SWITCH】，在【Component】下把【SPDT】（设置高低电平）放在图纸上，如图 7.6 所示。

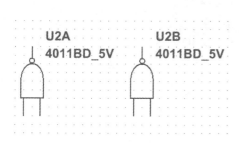

图 7.5　把【4011BD_5V】放在图纸上

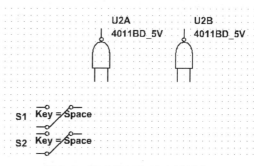

图 7.6　把【SPDT】放在图纸上

4）打开【Select a Component】对话框，在【Group】下拉菜单中选择【Diodes】，在【Family】选项框中选择【LED】，在【Component】下把【LED_red】（输出高电平点亮）放在图纸上，如图 7.7 所示。

5）打开【Select a Component】对话框中的【Group】下拉菜单，选择【Sources】，在【Family】选项框中选择【POWER _ SOURCES】，在【Component】选项框中分别选择【VCC】 和【GROUND】 放置在图纸上，如图 7.8 所示。

6）将步骤 2）~5）所选择的元器件根据图 7.1a 连接仿真电路，如图 7.9 所示。

7）由与非门组成的基本 RS 触发器。如图 7.9 所示，单击运行，根据表 7.1 的

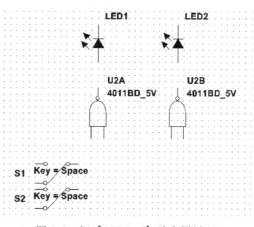

图 7.7　把【LED_red】放在图纸上

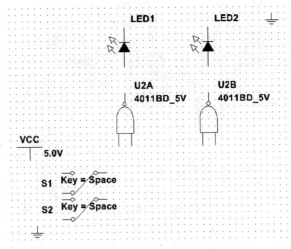

图 7.8 选择【VCC】┬ 和【GROUND】⏚放置在图纸上

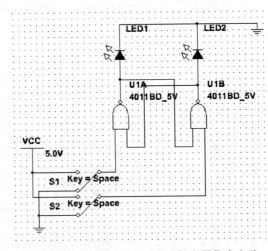

图 7.9 与非门组成的基本 RS 触发器仿真电路

输入设置逻辑状态，将仿真输出结果与其工作原理进行比对，观察是否一致。

表 7.1 由与非门组成的基本 RS 触发器功能测试

序号	输入		输出		逻辑功能分析
	$\overline{R}$	$\overline{S}$	Q	$\overline{Q}$	
1	0	1	0	1	
2	1	1	0	1	
3	1	⊓	1	0	
4	⊔	1	0	1	
5	0	0	1	1	
	1	1	1	0	
6	0	0	1	1	
（两个 1 的拨动顺序与 5 相反）	1	1	0	1	

8）由或非门组成的基本 RS 触发器。如图 7.1b 所示，连接仿真电路如图 7.10 所示。

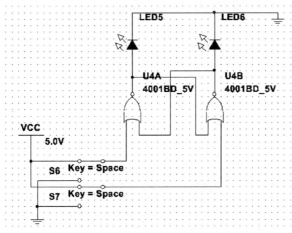

图 7.10　或非门组成的基本 RS 触发器仿真电路

单击运行，根据表 7.2 的输入设置逻辑状态，将仿真输出结果与其工作原理进行比对，观察是否一致。

表 7.2　由或非门组成的基本 RS 触发器功能测试

序号	输入		输出		逻辑功能分析
	R	S	Q	$\overline{Q}$	
1	0	1	0	1	
2	0	0	0	1	
3	⊓	0	1	0	
4	0	⊓	0	1	
5	1	1	0	0	
	0	0	0	1	
6 （两个 1 的拨动顺序与 5 相反）	1	1	0	0	
	0	0	1	0	

9）上升沿边沿触发 D 触发器。如图 7.2 所示，连接仿真电路如图 7.11 所示。

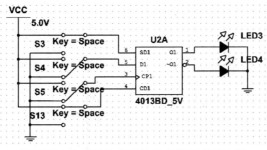

图 7.11　上升沿边沿触发 D 触发器仿真电路

单击运行，根据表 7.3 的输入设置逻辑状态，将仿真输出结果与其工作原理进行比对，观察是否一致。

表 7.3　D 触发器功能测试

序号	输入				输出		逻辑功能分析
	S_D	R_D	D	CP	Q	$\overline{Q}$	
1	1	0	×	×	1	0	
2	0	0	×	×	Q^{n+1}	$\overline{Q^{n+1}}$	
3	0	1	×	×	0	1	
4	1	1	×	0	1	1	
5	0	0	×	0	无论 D 怎么变，Q 状态不变	无论 D 怎么变，Q 状态不变	
6	0	0	0	⎍	0	1	
7	0	0	1	⎍	1	0	

注：×为任意固定 0、1 状态。

10）下降沿边沿触发 JK 触发器。如图 7.3 所示，连接仿真电路如图 7.12 所示。

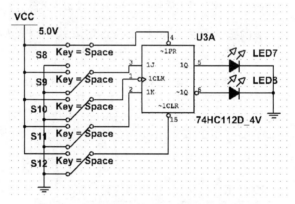

图 7.12　下降沿边沿触发 JK 触发器仿真电路

单击运行，根据表 7.4 的输入设置逻辑状态，将仿真输出结果与其工作原理进行比对，观察是否一致。

表 7.4　JK 触发器功能测试

序号	输入					输出		逻辑功能分析
	$\overline{S}_D$	$\overline{R}_D$	J	K	$\overline{CP}$	Q	$\overline{Q}$	
1	0	1	×	×	×	1	0	
2	1	1	×	×	×	1	0	
3	1	0	×	×	×	0	1	
4	1	1	×	×	×	1	1	
5	1	1	0	1	⎍	0	1	
6	1	1	1	1	⎍	1	0	
7	1	1	1	1	⎍	0	1	
8	1	1	1	0	⎍	1	0	
9	1	1	0	0	⎍	1	0	
10	0	1	0	1	⎍	1	0	

注：×为任意固定 0、1 状态。

11）由 JK 触发器构成的 T′触发器。根据图 7.4a 连接仿真电路，如图 7.13 所示，在

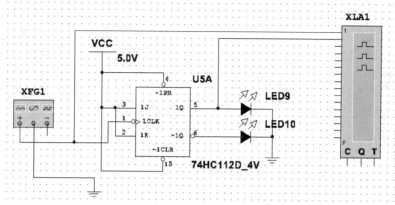

图 7.13　T′触发器仿真电路

Multisim 界面的虚拟仪器右边工具栏中选择【Function Generator】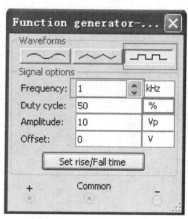 和【Logic Analyzer】，信号发生器设置如图 7.14 所示。

　　单击运行，打开逻辑分析仪 XLA1，时钟脉冲与输出 Q 的波形如图 7.15 所示，将仿真输出结果与其工作原理进行比对，观察是否一致。

　　12）由 D 触发器构成的 T′触发器如图 7.4b 所示，连接仿真电路如图 7.16 所示，在 Multisim 界面的虚拟仪器右边工具栏中选择【Function Generator】和
【Logic Analyzer】，信号发生器设置如图 7.14 所示。

图 7.14　信号发生器设置

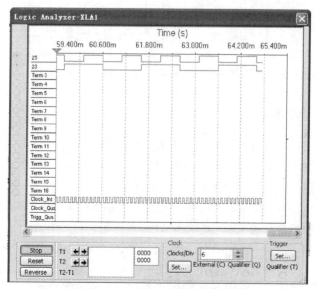

图 7.15　时钟脉冲与输出 Q 的波形

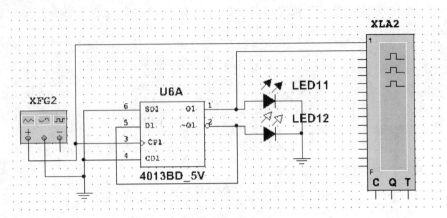

图 7.16　连接仿真电路

单击运行，打开逻辑分析仪 XLA2，时钟脉冲与输出 Q 的波形如图 7.17 所示，将仿真输出结果与其工作原理进行比对，观察是否一致。

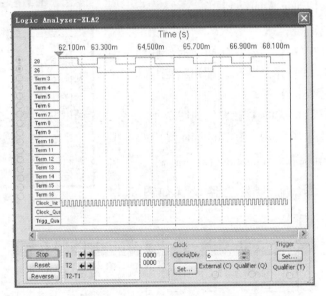

图 7.17　时钟脉冲与输出 Q 的波形

四、实验内容与实验步骤

前面已经进行过电路原理分析，并将仿真现象与理论进行了对比。接下来我们需要在实际电路上做实验，以进一步验证原理的正确性与仿真现象的合理性，具体步骤如下：

1）请确保 NI ELVIS Ⅱ+的电源处于断开状态。

2）将 NI ELVIS Ⅱ+自带的实验板取下，取出亚龙-NI ELVIS Ⅱ+系列实验模块转接主板（简称为实验模块转接主板），将其插在 NI ELVIS Ⅱ+上，注意检查是否插接到位。

3）实验模块转接主板插接到位后，将 YL-1007B 数字电子基础 2 模块其插在实验模块转接主板上，注意检查是否插接到位。

4）打开 NI ELVIS Ⅱ+工作站电源开关，等待计算机识别设备。

5）基本 RS 触发器。

与非门组成的基本 RS 触发器

① 根据图 7.1a 电路，将 CD4011 插入 14 脚的 IC 接插槽中，将 CD4011 输入端 $\overline{R}$、$\overline{S}$ 分别按顺序接到面板上的 DIO0～DIO1，将输出端 Q、$\overline{Q}$ 分别按顺序接到面板上的 DIO8～DIO9，其余连线根据图 7.1a 连接，其电源（14 脚）接到 VCC，接地（8 脚）接到 GND。

② 打开计算机桌面上的【开始】→【所有程序】→【National Instruments】→【NI ELVISmx for NI ELVIS & myDAQ】→【NI ELVISmx Instruments Launcher】，在弹出面板上单击打开【Digital Writer】和【Digital Reader】，根据所选的输入和输出端口设置 DIO。

③ 开启数字电子基础 2 面板电源，按表 7.1 所列各输入引脚的状态设置【Digital Writer】，通过【Digital Reader】测试其各输出引脚的逻辑状态（高电平点亮），结果见表 7.1（高低电平单脉冲可通过 LabVIEW 编写，打开附带的 LabVIEW 程序中的【Digital】→【Finite Output】文件，如图 7.18 所示，选择端口时不要与实验已经用到的 DIO 重复，将用到脉冲的输入端移接到对应的脉冲输出端口）。

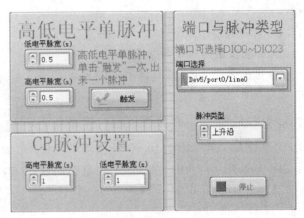

图 7.18　打开附带的 LabVIEW 程序

或非门组成的基本 RS 触发器

① 根据图 7.1b 电路，将 CD4001 插入 14 脚的 IC 接插槽中，将 CD4001 输入端 S、R 分别按顺序接到面板上的 DIO0～DIO1，将输出端 Q、$\overline{Q}$ 分别按顺序接到面板上的 DIO8～DIO9，其余连线根据图 7.1b 连接，其电源（14 脚）接到 VCC，接地（7 脚）接到 GND。

② 打开【Digital Writer】和【Digital Reader】，根据所选的输入和输出端口设置 DIO。

③ 开启数字电子基础 2 面板电源，按表 7.2 所列各输入引脚的状态设置【Digital Writer】，通过【Digital Reader】测试其各输出引脚的逻辑状态（高电平点亮），结果见表 7.2（单脉冲触发同实验步骤（5）中的③），并将结果与前面对应仿真结果进行比对，观察是否一致。

6）上升沿边沿触发 D 触发器。

① 根据图 7.2 电路，将 CD4013 插入 14 脚 IC 接插槽中，将输入端 S_D、R_D、D、CP 分别按顺序接到面板上的 DIO0～DIO3，将输出端 Q、$\overline{Q}$ 分别按顺序接到面板上的 DIO8～DIO9，其电源（14 脚）接到 VCC，接地（7 脚）接到 GND。

② 打开【Digital Writer】和【Digital Reader】，根据所选的输入和输出端口设置 DIO。

③ 开启数字电子基础 2 面板电源，按表 7.3 所列各输入引脚的状态设置【Digital Writer】，通过【Digital Reader】测试其各输出引脚的逻辑状态（高电平点亮），结果见表 7.3（单脉冲触发同实验步骤（5）），并将结果与前面对应仿真结果进行比对，观察是否一致。

7) 下降沿边沿触发 JK 触发器。

① 根据图 7.3 电路，将 74HC112 插入 16 脚 IC 接插槽中，将输入端 $\overline{S}_D$、$\overline{R}_D$、J、K、CP 分别按顺序接到面板上的 DIO0 ~ DIO4，将输出端 Q、$\overline{Q}$ 分别按顺序接到面板上的 DIO8 ~ DIO9，其电源（16 脚）接到 VCC，接地（8 脚）接到 GND。

② 打开【Digital Writer】和【Digital Reader】，根据所选的输入和输出端口设置 DIO。

③ 开启数字电子基础 2 面板电源，按表 7.4 所列各输入引脚的状态设置【Digital Writer】，通过【Digital Reader】测试其各输出引脚的逻辑状态（高电平点亮），结果见表 7.4（单脉冲触发同实验步骤（5）），并将结果与前面对应仿真结果进行比对，观察是否一致。

8) T′触发器。

由 D 触发器构成 T′触发器

① 根据图 7.4b 电路，将 CD4013 插入 14 脚 IC 接插槽中，将 CD4013 输入端 S_D、R_D 接 GND，D 接输出 $\overline{Q}$，CP 接面板上的脉冲发生器 FGEN 端口，将输出端 Q、$\overline{Q}$ 分别按顺序接到面板上的 DIO8 ~ DIO9，再将 CP 和 Q 接面板上的 AI0 ~ AI1，其电源（14 脚）接到 VCC，接地（7 脚）接到 GND。

② 单击计算机桌面上的【开始】→【所有程序】→【National Instruments】→【NI ELVISmx for NI ELVIS & myDAQ】→【NI ELVISmx Instruments Launcher】，打开面板上的【Function Generator】和【Oscilloscope】，信号发生器设置如图 7.19 所示。

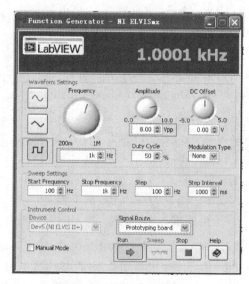

图 7.19　信号发生器设置

③ 开启数字电子基础 2 面板电源，$\overline{CP}$ 与 Q 的波形输出关系如图 7.20 所示，并将结果与前面对应仿真结果进行比对，观察是否一致。

由 JK 触发器构成 T′触发器

① 根据图 7.4a 电路，将 74HC112 插入 16 脚 IC 接插槽中，将输入端 $\overline{S}_D$、$\overline{R}_D$、J 和 K 相连都接到 VCC，$\overline{CP}$（3 脚）接面板上的脉冲发生器 FGEN 端口，将输出端 Q、$\overline{Q}$ 分别按顺序接到面板上的 DIO8 ~ DIO9，再将 $\overline{CP}$ 和 Q 接面板上的 AI0 ~ AI1，其电源（16 脚）接到 VCC，接地（8 脚）接到 GND。

② 单击计算机桌面【开始】→【所有程序】→【National Instruments】→【NI ELVISmx for NI ELVIS & myDAQ】→【NI ELVISmx Instruments Launcher】，在弹出面板上单击打开【Function Generator】和【Oscilloscope】，【信号发生器】设置同图 7.14 所示。

③ 开启数字电子基础 2 面板电源，CP 与 Q 的波形输出关系如图 7.21 所示，并将结果与前面对应仿真结果进行比对，观察是否一致。

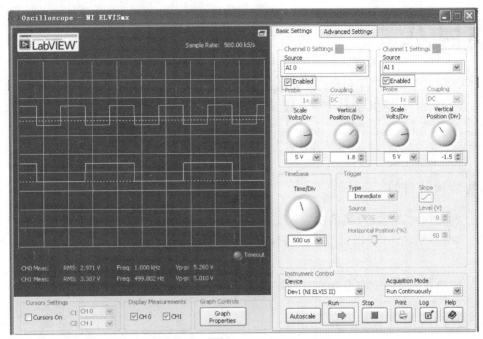

图 7.20 $\overline{CP}$ 与 Q 的波形输出关系

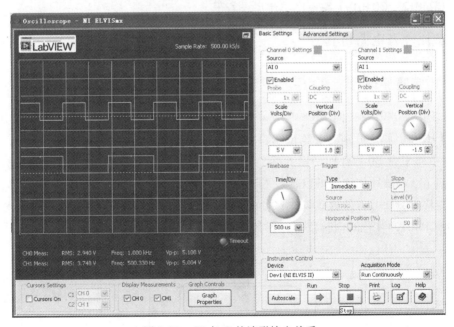

图 7.21 CP 与 Q 的波形输出关系

项目八

双向移位寄存器功能测试

一、实验项目目的

1）熟悉双向移位寄存器的功能含义。

2）掌握 CD40194 双向移位寄存器各引脚功能和正确使用方法，能看懂器件的逻辑功能表。

3）能用双向移位寄存器构成脉冲序列发生器。

二、实验所需模块与元器件

1）YL-1007B 数字电子基础 2 模块一个。

2）CD4012、CD40194 各一片、杜邦线若干。

三、实验原理及电路仿真

（一）实验原理

图 8.1 为 CD40194（同 74LS194）4 位双向移位寄存器的逻辑符号图，共有 16 个引脚，引脚 16 和引脚 8 分别为电源正端和接地端，双向移位寄存器的含义：一是可以寄存数码，这数码来自 D0~D3 四个输入端，可以将其对应寄存于 Q0~Q3；二是双向移位，是指 Q0~Q3 在 CP 脉冲作用下可以逐位右移或左移。右移时，DSR 可外置数码，移位时进入 Q0；左移时，DSL 可外置数码，移位时进入 Q3。上述功能均由 M1M0 状态进行控制。表 8.1 为 CD40194 4 位双向移位寄存器的逻辑功能表。

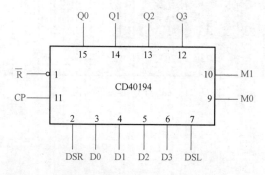

图 8.1　CD40194 4 位双向移位寄存器逻辑符号图

表 8.1 CD40194 4 位双向移位寄存器逻辑功能表

序号	清零	控制信号		时钟	串行输入		并行输入				输出				功能
	$\overline{R}$	M1	M0	CP	DSR	DSL	D0	D1	D2	D3	Q0	Q1	Q2	Q3	
1	0	×	×	×	×	×	×	×	×	×	0	0	0	0	清零
2	1	×	×	0	×	×	×	×	×	×	Q0	Q1	Q2	Q3	保持
3	1	0	0	×	×	×	×	×	×	×	Q0	Q1	Q2	Q3	不移位
4	1	0	1	↑	1	×	×	×	×	×	1	Q0n	Q1n	Q2n	右移
5	1	0	1	↑	0	×	×	×	×	×	0	Q0n	Q1n	Q2n	右移
6	1	1	0	↑	×	1	×	×	×	×	Q1n	Q2n	Q3n	1	左移
7	1	1	0	↑	×	0	×	×	×	×	Q1n	Q2n	Q3n	0	左移
8	1	1	1	↑	×	×	d0	d1	d2	d3	d0	d1	d2	d3	置数

注：×为任意固定 0、1 状态。

图 8.2 所示为用双向移位寄存器构成的脉冲序列发生器，其工作原理如下：G1 连线成 2 输入与非门，当 G1 输入的启动信号为 0 时，M1 = 1，而 M0 常置 1，故 M1M0 = 11 为置数功能，在 CP 作用下，使 Q0Q1Q2Q3 = D0D1D2D3 = 0111，由于 Q0 = 0，G2 输出为 1，而启动信号也恢复 1，故 G1 输出为 0，使 M1M0 = 01，执行右移功能，故来一个 CP，Q0 = 0 移位到 Q1 = 0，而 Q3 = 1 连至 DSR，使 Q0 = 1，由于 Q0 ~ Q3 中总有一位为 0，故 M1 维持为 0，而当 Q3 = 0 时又连到 DSR = 0，再来一个 CP，Q0 又为 0，故在 CP 作用下，CP 周期内总有一个 0 脉冲信号从 Q0 ~ Q3 循环输出，构成脉冲序列信号，其输出波形如图 8.3 所示。

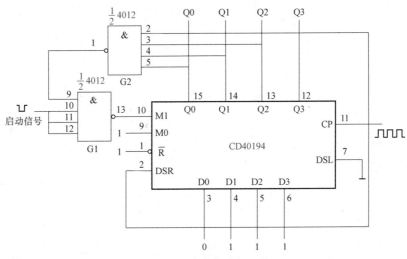

图 8.2 脉冲序列发生器

（二）电路仿真

电路仿真步骤如下：

1）打开 Multisim 电子电路仿真软件后，单击【File】→【New】→【Blank】→【Create】，新建一个空白的图纸。

2）右击图纸空白区域，选择【Place Component】，在打开的【Select a Component】对话框中单击【Group】下拉菜单，选择【ALL Groups】，在【Family】选项框中选择

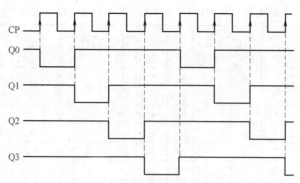

图 8.3　脉冲序列发生器波形

【All Families】，在【Component】下搜索 40194、4012，把【40194BD_5V】和【4012BD_5V】放在图纸上，如图 8.4 所示。

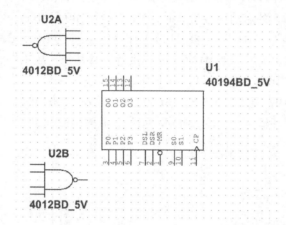

图 8.4　把【40194BD_5V】和【4012BD_5V】放在图纸上

3）打开【Select a Component】对话框，在【Group】下拉菜单中选择【Basic】，在【Family】选项框中选择【SWITCH】，在【Component】下把【SPDT】放在图纸上（用于产生单脉冲），如图 8.5 所示。

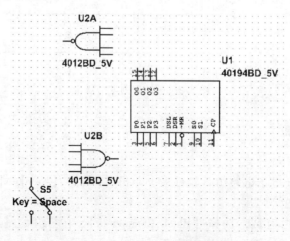

图 8.5　把【SPDT】放在图纸上

4）打开【Select a Component】对话框，在【Group】下拉菜单中选择【Diodes】，在【Family】选项框中选择【LED】，在【Component】下把【LED_red】（输出高电平点亮）放在图纸上，如图 8.6 所示。

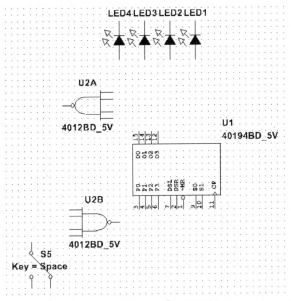

图 8.6 把【LED_red】放在图纸上

5）打开【Select a Component】对话框，在【Group】下拉菜单下选择【Sources】，在【Family】选项框中选择【POWER_SOURCES】，在【Component】选项框中分别选择【VCC】┬和【GROUND】⏚放置在图纸上，如图 8.7 所示。

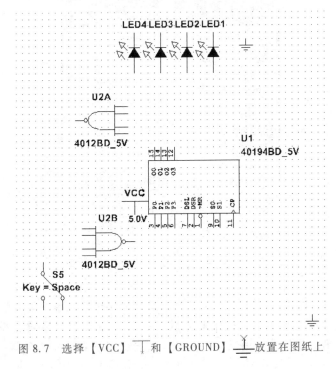

图 8.7 选择【VCC】┬和【GROUND】⏚放置在图纸上

6）在 Multisim 界面的右边虚拟仪器工具栏选择【Function Generator】 和【Logic Analyzer】 放置在图纸上（图 8.8 中的 XFG1 和 ALA1），信号发生器设置如图 8.9 所示。

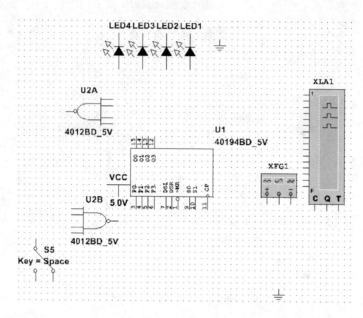

图 8.8 选择【Function Generator】 和【Logic Analyzer】 放置在图纸上

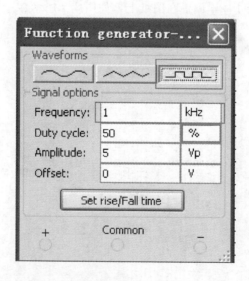

图 8.9 信号发生器设置

7）将步骤 2）~6）所选择的元器件按图 8.2 所示连接仿真电路，如图 8.10 所示。

8）单击运行，拨动开关产生一个起始脉冲，输出波形通过逻辑分析仪（XLA1）观察。如图 8.11 所示，将仿真输出结果与图 8.3 波形进行比对，观察是否一致。

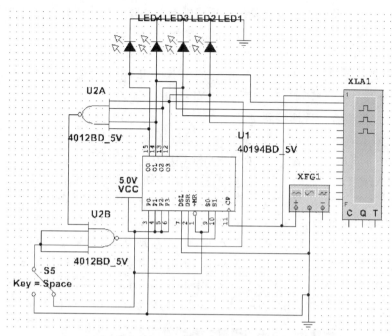

图 8.10　连接仿真电路

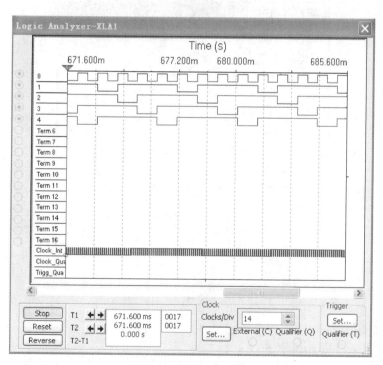

图 8.11　仿真输出结果

四、实验内容与实验步骤

前面已经进行过电路原理分析，并将仿真现象与理论进行了对比。接下来我们需要在实际电路上做实验，以进一步验证原理的正确性与仿真现象的合理性，具体步骤如下：

1）请确保 NI ELVIS Ⅱ+的电源处于断开状态。

2）将 NI ELVIS Ⅱ+自带的实验板取下，取出亚龙-NI ELVIS Ⅱ+系列实验模块转接主板（简称为实验模块转接主板），将其插在 NI ELVIS Ⅱ+上，注意检查是否插接到位。

3）实验模块转接主板插接到位后，将 YL-1007B 数字电子基础 2 模块插在实验模块转接主板上，注意检查是否插接到位。

4）打开 NI ELVIS Ⅱ+工作站电源开关，等待计算机识别设备。

5）根据图 8.2 所示电路，将 CD40194 和 CD4012 分别插入 16 脚和 14 脚 IC 接插槽中，将 CP 输入端接面板上的 FGEN，将单脉冲信号端（10 脚、11 脚、12 脚相连）接面板上的 DIO0。图中 0 表示接 GND，1 表示接 VCC。先将 CP 端接面板上 AI0，Q0（15脚）、Q1（14 脚）接面板上 AI1、AI2，将 CD40194 电源（16 脚）接到 VCC，接地（8脚）接到 GND，CD4012 电源（14 脚）接到 VCC，接地（7 脚）接到 GND。

6）打开计算机桌面上的【开始】→【所有程序】→【National Instruments】→【NI ELVISmx for NI ELVIS & myDAQ】→【NI ELVISmx Instruments Launcher】，在弹出面板上单击打开【Function Generator】和【Oscilloscope】，信号发生器设置如图 8.12 所示。

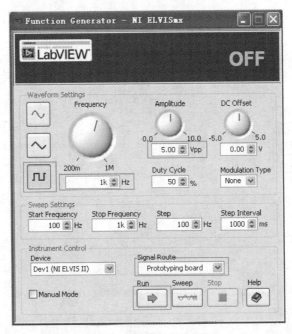

图 8.12　信号发生器设置

7）打开附带的 LabVIEW 程序中的【Digital】→【Finite Output】文件，设置为下降沿脉冲，脉冲输出端口为 DIO0，如图 8.13 所示。

8）开启数字电子基础 2 面板电源，触发启动信号，用示波器观察 CP 与 Q0、Q1、Q2、Q3 的关系，CP（AI0）、Q0（AI1）波形如图 8.14 所示，Q0（AI1）、Q1（AI2）波形如图 8.15 所示，然后移除原来连接的 AI0、AI1、AI2，将 Q1、Q2、Q3 按顺序接到 AI0~AI2，Q1（AI0）、Q2（AI1）波形如图 8.16 所示，Q2（AI1）、Q3（AI2）波形如图 8.17 所示，并将结果与图 8.3 和前面对应仿真结果进行比对，观察是否一致。

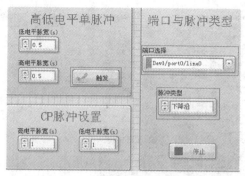

图 8.13　设置下降沿脉冲

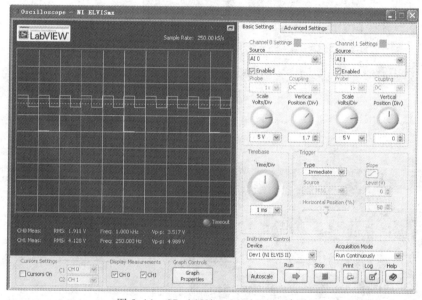

图 8.14　CP（AI0）、Q0（AI1）波形

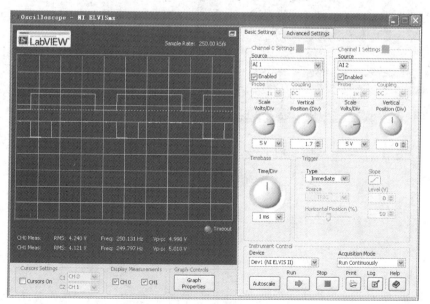

图 8.15　Q0（AI1）、Q1（AI2）波形

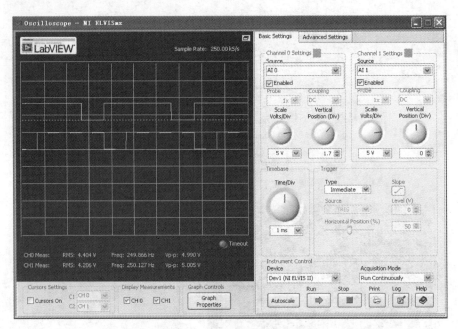

图 8.16   Q1（AI0）、Q2（AI1）波形

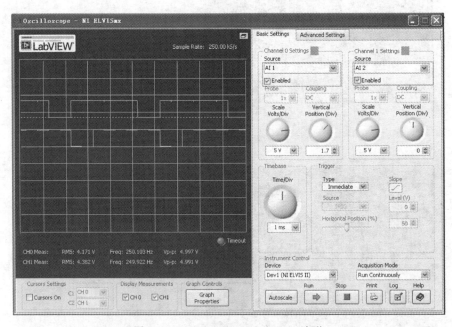

图 8.17   Q2（AI1）、Q3（AI2）波形

项目九

N 进制计数电路功能测试

一、实验项目目的

1）了解 N 进制计数电路的含义及实现的主要方法。

2）掌握反馈清零和反馈置数配合门电路实现 N 进制计数的连线方法。

二、实验所需模块与元器件

1）YL-1007B 数字电子基础模块一个。

2）CD4011、CD4071、CD4081、CD4518 各一片，74LS161 两片，杜邦线若干。

三、实验原理及电路仿真

（一）实验原理

所谓 N 进制计数体制是指除了二进制和十进制计数体制以外，其余的计数体制属于 N 进制计数。

1. 利用反馈清零实现 N 进制计数

二十四进制计数器电路如图 9.1 所示，由一片 CD4518 双二-十进制计数器实现计数，当十位数片 $\frac{1}{2}$4518-2 计数达 $2Q3\,2Q2\,2Q1\,2Q0 = 0010 = (2)_{10}$，而个位数片 $\frac{1}{2}$4518-1 计数达到 $1Q3\,1Q2\,1Q1\,1Q0 = 0100 = (4)_{10}$，这时通过 CD4081 与门输入，输出 $Y = 2Q1、1Q2 = 1 \cdot 1 = 1$，连接到 2R、1R 去异步清零，实现 $(0)_{10} \sim (23)_{10}$ 24 个计数状态，即二十四进制计数电路。而 $(24)_{10}$ 并不显示，因该时间极短，达到 24 时已归零，输出通过数码管驱动电路进行译码显示，显示数值从 00~23，共 24 个脉冲，即 1~24 个状态。

2. 利用反馈置数实现 N 进制计数

图 9.2 所示为利用反馈置数法实现三十进制计数器，图中用两片 74LS161 四位二进制同步计数器实现三十进制计数器，低位片 74LS161-1 在计数达到 $(9)_{10}$ 即输出为 1001 时，在下一个 CP 作用下通过与非门（G2）输出 0 给低位片 $\overline{\text{LD}}$，对低位片进行置数变为 $(0)_{10}$，并且通过与非门（G3）输出 1 给高位片 ENT 及或门（G4）输出 1 给高位片 $\overline{\text{LD}}$，向高位片 74LS161-2 进位计数。当两片计数达到 $(29)_{10}$，即高位输出为 0010、低位输出为 1001 时，在下一个 CP 作用下，通过与非门（G1）输出为 0、与非门（G2）输出为 0，两路同时输入给或门（G4）电路，或门（G4）输出 0 给高位片 $\overline{\text{LD}}$，对高位片进行置数

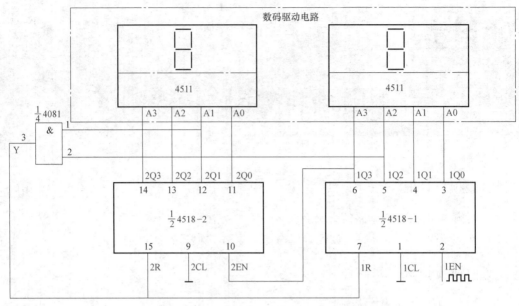

图 9.1 反馈清零实现二十四进制计数器

（低位片同时置数）变为（0）$_{10}$。重复上述过程达到三十进制计数体制，计数值通过数码管驱动电路显示，显示数值从 00~29。表 9.1 为 74LS161 的逻辑功能表。

74LS161 引脚说明：

当 $\overline{R}_D = 0$ 时，所有触发器将同时被置零，而且置零操作不受其他输入端状态的影响。

当 $\overline{R}_D = 1$、$\overline{LD} = 0$ 时，电路工作在预置数状态。

当 $\overline{R}_D = \overline{LD} = 1$，而 EP = 0、ET = 1 时，电路处于保持状态，C 也处于保持状态。如果 ET = 0，则 EP 不论为何状态，计数器的状态将保持不变，但这时进位输出 C 等于 0。

当 $\overline{R}_D = \overline{LD} = EP = ET = 1$ 时，电路工作在计数状态。从电路的 0000 状态开始连续输入 16 个计数脉冲时，电路将从 1111 状态返回 0000 状态，C 端从高电平跳变成低电平。可以利用 C 端输出的高电平或下降沿作为进位输出信号。

表 9.1 74LS161 的逻辑功能表

CP	$\overline{R}_D$	$\overline{LD}$	EP	ET	工作状态
X	0	X	X	X	置零
⌐	1	0	X	X	预置数
X	1	1	0	1	保持
X	1	1	X	0	保持（但 C = 0）
⌐	1	1	1	1	计数

（二）电路仿真

电路仿真步骤如下：

1）打开 Multisim 电子电路仿真软件后，单击【File】→【New】→【Blank】→【Create】，新建一个空白的图纸。

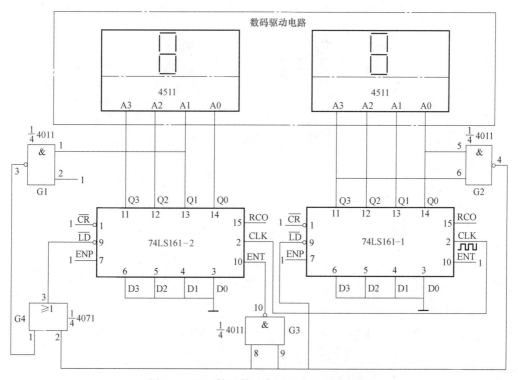

图9.2 用反馈置数法实现三十进制计数器

2）右击图纸空白区域，选择【Place Component】，在打开的【Select a Component】对话框中单击【Group】下拉菜单，选择【ALL Groups】，在【Family】选项框中选择【All Families】，在【Component】下搜索4518、4511、4081，把【4518BD_5V】、【4511BD_5V】、【4081BD_5V】放在图纸上，如图9.3所示。

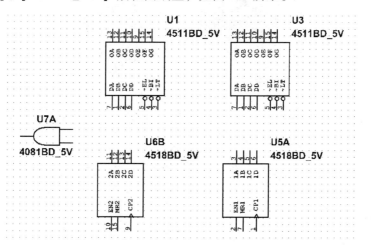

图9.3 把【4518BD_5V】、【4511BD_5V】、【4081BD_5V】放在图纸上

3）在【Group】下选择【Indicators】，在【Family】选项框中选择【HEX_DISPLAY】，在【Component】下选择SEVEN_SEG_DECIMAL_COM_A，把【SEVEN_SEG_DECIMAL_COM_A】放在图纸上，如图9.4所示。

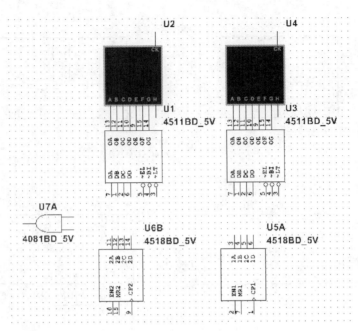

图 9.4 把【SEVEN_ SEG_ DECIMAL_ COM_ A】放在图纸上

4）打开【Select a Component】对话框，在【Group】下拉菜单中选择【Basic】，在【Family】选项框中选择【SWITCH】，在【Component】下把【SPDT】放在图纸上（用于设置高低电平），如图 9.5 所示。

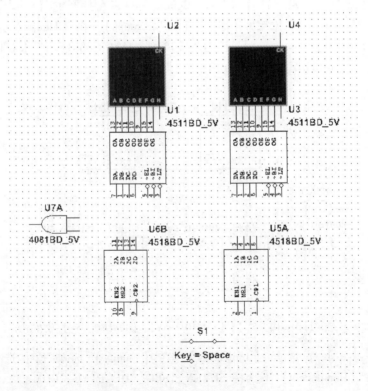

图 9.5 把【SPDT】放在图纸上

5）打开【Select a Component】对话框中的【Group】下拉菜单，选择【Sources】，在【Family】选项框中选择【POWER_ SOURCES】，在【Component】选项框中分别选择【VCC】┬和【GROUND】┴放置在图纸上，如图 9.6 所示。

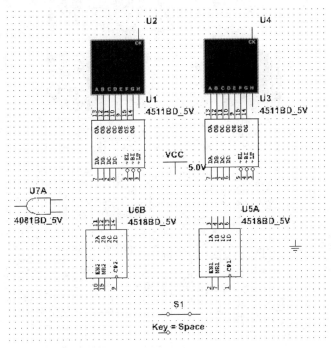

图 9.6　选择【VCC】┬和【GROUND】┴放置在图纸上

6）将步骤 2）~5）所选择的元器件按图 9.1 所示连接仿真电路，如图 9.7 所示。

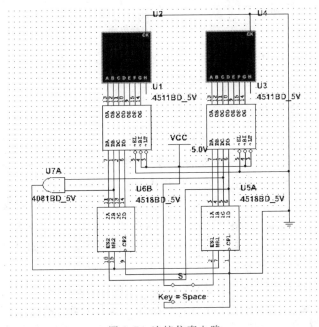

图 9.7　连接仿真电路

7）反馈清零实现二十四进制计数器。如图 9.7 所示，单击运行，拨动开关产生脉冲（拨动 30 次以上），观察数码管显示结果，将仿真输出结果与工作原理进行比对，观察是否一致。

8）反馈置数法实现三十进制计数器。根据图 9.2 连接仿真电路，如图 9.8 所示。

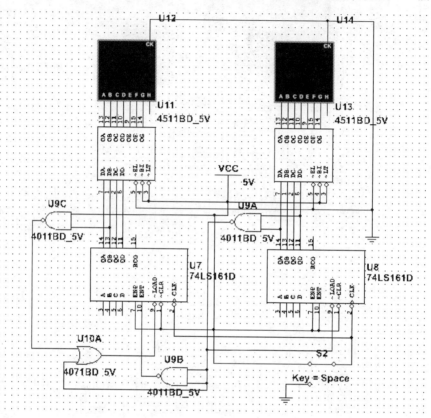

图 9.8　连接仿真电路

单击运行，拨动开关产生脉冲（拨动 40 次以上），观察数码管显示结果，将仿真输出结果与其工作原理进行比对，是否一致。

四、实验内容与实验步骤

前面已经进行过电路原理分析，并将仿真现象与理论进行了对比。接下来我们需要在实际电路上做实验，以进一步验证原理的正确性与仿真现象的合理性，具体步骤如下：

1）请确保 NI ELVIS Ⅱ+的电源处于断开状态。

2）将 NI ELVIS Ⅱ+自带的实验板取下，取出亚龙-NI ELVIS Ⅱ+系列实验模块转接主板（简称实验模块转接主板），将其插在 NI ELVIS Ⅱ+上，注意检查是否插接到位。

3）实验模块转接主板插接到位后，将 YL-1007B 数字电子基础 2 模块插在实验模块转接主板上，注意检查是否插接到位。

4）打开 NI ELVIS II+工作站电源开关，等待计算机识别设备。

5）反馈清零实现二十四进制计数器。根据图 9.1 所示电路进行连线，将 CD4518 与 CD4081 插入 16 脚 IC 接插槽和 14 脚 IC 接插槽中。高低电平单脉冲通过由 LabVIEW 编写，打开附带的 LabVIEW 程序中的【Digital】→【Finite Output】文件（参数及软件设置参考项目七），设置端口为 DIO0，将面板上脉冲的输出端 DIO0 接到 1EN（2 脚），输出的单脉冲信号为"⎍"。

开启数字电子基础 2 面板电源，按动单脉冲按钮 30 次以上，观察数码管显示情况，记下显示值变化起始和终值范围，见表 9.2，并将结果与前面对应仿真结果进行比对，观察是否一致。

6）反馈置数法实现三十进制计数器。根据图 9.2 所示电路进行连线，将两片 74LS161、CD4011、CD4071 分别插入两个 16 脚 IC 接插槽、两个 14 脚 IC 接插槽中，图中标 1 的管脚都接 VCC。将两个相连的 CP（2 脚）接面板上的 DIO0，输入用 LabVIEW 编程的单脉冲信号，输出的单脉冲信号为"⎍"。

开启数字电子基础 2 面板电源，按动单脉冲按钮 40 次以上，观察数码管显示情况，记下显示值变化起始和终值范围，见表 9.2，并将结果与前面对应仿真结果进行比对，观察是否一致。

表 9.2　各计数器显示范围

计数器电路	数字显示范围
图 9.1	0~23
图 9.2	0~29

项目十

2位十进制计数/译码/驱动/显示电路

一、实验项目目的

1）掌握 CD4518 双十进制计数器的逻辑功能和使用方法。

2）掌握 CD4511 七段译码/驱动/显示电路的使用。

二、实验所需模块与元器件

1）YL-1007B 数字电子基础 2 模块一个。

2）CD4518 一片，杜邦线若干。

三、实验原理及电路仿真

（一）实验原理

图 10.1 所示为 2 位十进制计数显示电路，其中 4518 为双二-十进制同步加法计数器，该器件的功能表见表 10.1。从功能表可知，当 R = 1 时，输出 Q 全 0，优先权最高。

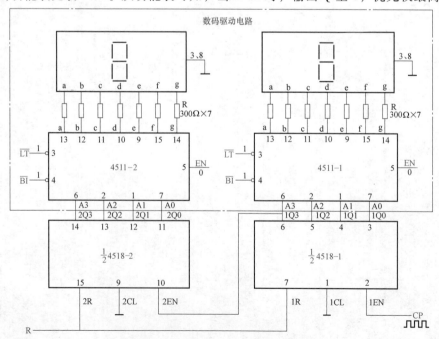

图 10.1　2 位十进制计数显示电路

表 10.1 4518 双二-十进制同步加法计数器功能表

序号	输入			输出			
	R	CL	EN	Q3	Q2	Q1	Q0
1	1	X	X	0	0	0	0
2	0	⌐↑	1	加法计数			
3	0	0	↓⌐	加法计数			
4	0	⌐↑	X	不变			
5	0	X	↓⌐	不变			
6	0	⌐↑	0	不变			
7	0	1	↓⌐	不变			

只有当 R=0 时，才能执行序号 2~7 的功能。序号 2、3 执行加法计数有两种方法：①当 EN=1 时，在 CL 加上升沿脉冲；②当 CL=0 时，在 EN 加下降沿脉冲。这两种情况均可实现对脉冲个数计数，即进行从 0000~1001 二-十进制计数。不符合这两种输入条件情况时，Q3~Q0 均保持不变，见表 10.1 中 4~7 序号所列。

当有 2 位以上十进制计数时，必须按图 10.1 所示电路连接，即低位十进制的 Q3 连接到高位的 EN，而 CL 均接 0，这是由于低位 Q3、Q2、Q1、Q0 从 1001 到 0000 时，利用 Q3 由 1 到 0 的下降沿作为向高位进位的下降沿脉冲计数信号，即低位由 9 变 0 向高位进位，高位计一个数。

4518 输出的 Q3、Q2、Q1、Q0 BCD 码，通过数码管驱动电路来显示，是用 4511 七段译码/驱动/显示电路通过数码管显示所计的数。该电路的工作原理与项目六完全相同，不同的是采用 4511 译码器。

（二）电路仿真

电路仿真步骤如下：

1）打开 Multisim 电子电路仿真软件后，单击【File】→【New】→【Blank】→【Create】，新建一个空白的图纸。

2）右击图纸空白区域，选择【Place Component】，在打开的【Select a Component】对话框中单击【Group】下拉菜单，选择【ALL Groups】，在【Family】选项框中选择【All Families】，在【Component】下搜索 4518、4511，把【4518BD_ 5V】和【4511BD_ 5V】放在图纸上，如图 10.2 所示。

3）在【Group】下选择【Indicators】，在【Family】选项框中选择【HEX_ DISPLAY】，在【Component】下选择 SEVEN_ SEG_ DECIMAL_ COM_ A，把【SEVEN _ SEG_ DECIMAL_ COM_ A】放在图纸上，如图 10.3 所示。

4）打开【Select a Component】对话框，在【Group】下拉菜单中选择【Basic】，在

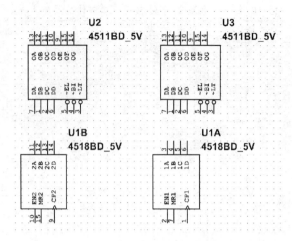

图 10.2　把【4518BD_ 5V】和【4511BD_ 5V】
放在图纸上

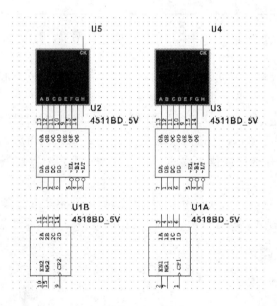

图 10.3　把【SEVEN_ SEG_ DECIMAL_ COM_ A】
放在图纸上

【Family】选项框中选择【SWITCH】，在【Component】下把【SPDT】放在图纸上（用于设置高低电平），如图 10.4 所示。

5）打开【Select a Component】对话框中的【Group】下拉菜单，选择【Sources】，在【Family】选项框中选择【POWER_ SOURCES】，在【Component】选项框中分别选择【VCC】┬和【GROUND】⏚放置在图纸上，如图 10.5 所示。

6）在 Multisim 界面的右边虚拟仪器工具栏选择【Function Generator】▨放在图纸上（图 10.6 中的 XFG1），信号发生器设置如图 10.7 所示。

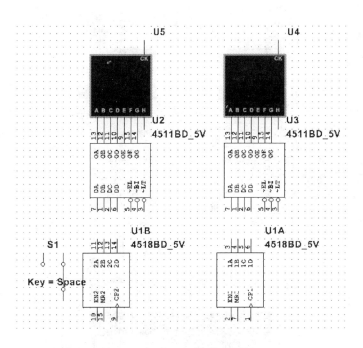

图 10.4　把【SPDT】放在图纸上

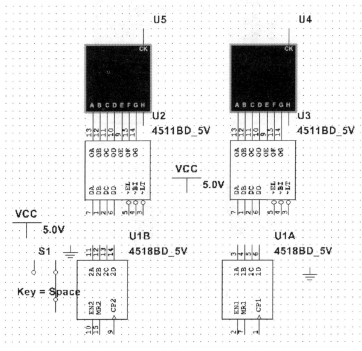

图 10.5　选择【VCC】和【GROUND】放置在图纸上

7）将步骤 2）~6）所选择的元器件按图 10.1 所示连接仿真电路，如图 10.8 所示。

8）单击运行，根据表 10.1 的输入设置逻辑状态，将仿真输出结果与其工作原理进行

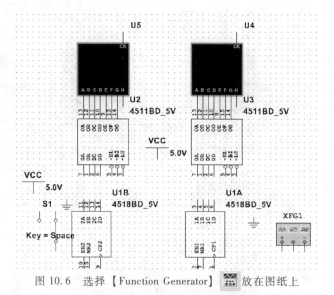

图 10.6 选择【Function Generator】 放在图纸上

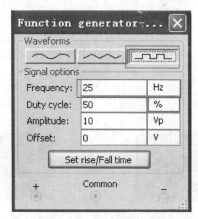

图 10.7 信号发生器设置

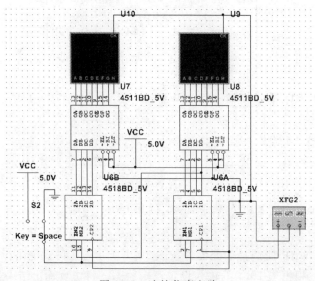

图 10.8 连接仿真电路

比对，观察是否一致。

四、实验内容与实验步骤

前面已经进行过电路原理分析，并将仿真现象与理论进行了对比。接下来我们需要在实际电路上做实验，以进一步验证原理的正确性与仿真现象的合理性，具体步骤如下：

1）请确保 NI ELVIS Ⅱ+的电源开关处于断开电源状态。

2）将 IN ELVIS Ⅱ+自带的实验板取下，取出亚龙-NI ELVIS Ⅱ+系列实验模块转接主板（以下简称实验模块转接主板），将其插在 IN ELVIS Ⅱ+上，注意检查是否插接到位。

3）实验模块转接主板插接到位后，将 YL-1007B 数字电子基础 2 模块插在实验模块转接主板上，注意检查是否插接到位。

4）打开 NI ELVIS II+工作站电源开关，等待计算机识别设备。

5）根据图 10.1 电路，将 CD4518 插入 16 脚 IC 接插槽中，将 CD4518 的输入端 2R 与 1R 相连接 DIO0、2CL、1CL 接 GND、2EN 与 1Q3 相连，将 1EN 接面板上的信号发生器端 FGEN，将两组输出端 2Q0~2Q3 与 1Q0~1Q3 分别根据图 10.1 按顺序接到面板上的数码管驱动电路（内部已组成 4511 七段译码、驱动、显示电路）的 A0~A3 端口，其电源（16 脚）接到 VCC，接地（8 脚）接到 GND，数码管驱动电路接 VCC 和 GND。

6）单击计算机桌面上的【开始】→【所有程序】→【National Instruments】→【NI ELVISmx for NI ELVIS & myDAQ】→【NI ELVISmx Instruments Launcher】，在弹出面板上单击打开【Digital Writer】和【Function Generator】，根据所选的输入端口设置 DIO，信号发生器设置如图 10.9 所示。

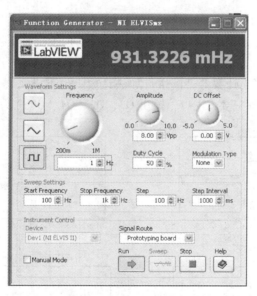

图 10.9 信号发生器设置

7）开启数字电子基础 2 面板电源，设置 DIO0（即 R）为高电平和低电平，观察数码管显示输出状态，观察结果与表 10.1 的输出功能是否一致。

项目十一

可逆十进制计数电路功能测试

一、实验项目目的

1）熟悉可逆计数器的含义。

2）掌握 CD40192 十进制可逆计数器的各引脚功能及其使用方法。

3）掌握 CD40192 2 位十进制可逆计数器的级联方法。

二、实验所需模块与元器件

1）YL-1007B 数字电子基础 2 模块一个。

2）CD40192 一片，杜邦线若干。

三、实验原理及电路仿真

（一）实验原理

图 11.1 为 2 位十进制可逆计数器及显示电路。40192 十进制可逆计数器功能表见表 11.1。

由表 11.1 可知，可逆计数器可以执行加法计数，也可以实现减法计数。序号 1：CR 输入优先权级别最高，即只要 CR = 1，输出 Q3、Q2、Q1、Q0 全为 0，与其他输入状态无

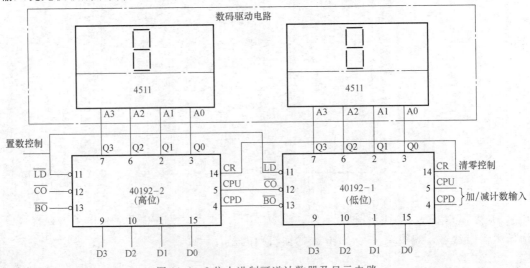

图 11.1   2 位十进制可逆计数器及显示电路

表 11.1　40192 十进制可逆计数器功能表

序号	输入								输出				逻辑功能
	CR	$\overline{LD}$	CPU	CPD	D3	D2	D1	D0	Q3	Q2	Q1	Q0	
1	1	×	×	×	×	×	×	×	0	0	0	0	清零
2	0	0	×	×	d3	d2	d1	d0	d3	d2	d1	d0	置数
3	0	1	↑	1	×	×	×	×	递增计数				加法计数
4	0	1	1	↑	×	×	×	×	递减计数				减法计数
5	0	1	1	1	×	×	×	×	不变				保持

关。序号 2：在 CR = 0 而 $\overline{LD}$ = 0 时，可执行置数功能。在不执行上述两功能时，即 CR = 0、$\overline{LD}$ = 1 时，才可执行序号 3～5 的功能。序号 3：加法计数时，要求 CPD 置 1，可对 CPU 每一个 CP 上升沿个数进行加法计数，为十进制计数，即从 $(0)_{10}$ ～ $(9)_{10}$。而当 $(9)_{10}$ 再来一个 CPU 的上升沿变为 $(0)_{10}$ 时，使 $\overline{CO}$ 出现负脉冲的上升沿，作为向高位片进位的计数脉冲。序号 4：实现减法计数，要求 CPU 置 1，可对 CPD 的每一个 CP 上升沿个数作减法计数，从 $(9)_{10}$ 逐位递减至 $(0)_{10}$。而当 $(0)_{10}$ 时，若再来一个 CPD 的上升沿，变为 $(9)_{10}$，则 BO 出现负脉冲的上升沿，作为向高位片借位的计数脉冲。

序号 5：若 CPD、CPU 均置 1，无脉冲的上升沿不实行计数，输出保持不变。可逆计数器的数码 Q3、Q2、Q1、Q0 输出到数码管驱动电路进行译码/驱动/显示。

（二）电路仿真

1）打开 Multisim 电子电路仿真软件后，单击【File】→【New】→【Blank】→【Create】，新建一个空白的图纸。

2）右击图纸空白区域，选择【Place Component】，在打开的【Select a Component】对话框中单击【Group】下拉菜单，选择【ALL Groups】，在【Family】选项框中选择【AlI Families】，在【Component】下搜索 40192、4511，把【40192BD_ 5V】和【4511BD _ 5V】放在图纸上，如图 11.2 所示。

3）在【Group】下选择【Indicators】，在【Family】选项框中选择【HEX _ DISPLAY】，在【Component】下选择 SEVEN_ SEG_ DECIMAL_ COM_ A，把【SEVEN _ SEG_ DECIMAL_ COM_ A】放在图纸上，如图 11.3 所示。

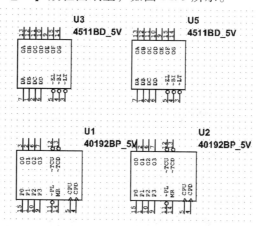

图 11.2　把【40192BD_ 5V】和【4511BD_ 5V】放在图纸上

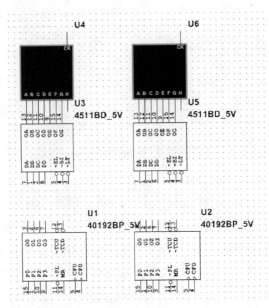

图 11.3　把【SEVEN_ SEG_ DECIMAL_ COM_ A】放在图纸上

4）打开【Select a Component】对话框，在【Group】下拉菜单中选择【Basic】，在【Family】选项框中选择【SWITCH】，在【Component】下把【SPDT】放在图纸上（用于设置高低电平），如图 11.4 所示。

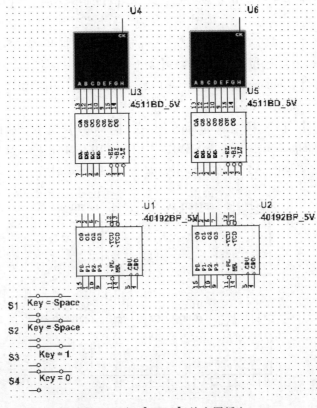

图 11.4　把【SPDT】放在图纸上

5）打开【Select a Component】对话框，单击【Group】下拉菜单，选择【Sources】，在【Family】选项框中选择【POWER_ SOURCES】，在【Component】选项框中分别选择【VCC】┬和【GROUND】⏚放置在图纸上，如图11.5所示。

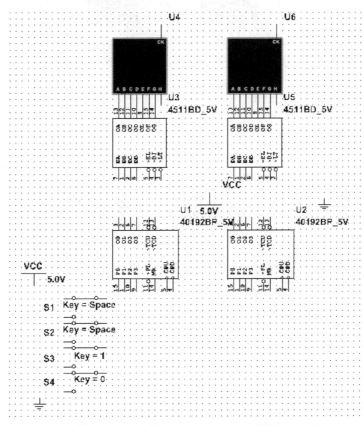

图11.5　选择【VCC】┬和【GROUND】⏚放置在图纸上

6）将步骤2）~5）所选择的元器件按图11.1所示连接仿真电路，如图11.6所示。

7）单击运行，根据表11.1的输入设置逻辑状态，将仿真输出结果与其工作原理进行比对，观察是否一致。

四、实验内容与实验步骤

前面已经进行过电路原理分析，并将仿真现象与理论进行了对比。接下来我们需要在实际电路上做实验，以进一步验证原理的正确性与仿真现象的合理性，具体步骤如下：

1）请确保 NI ELVIS Ⅱ+的电源处于断开状态。

2）将 NI ELVIS Ⅱ+自带的实验板取下，取出亚龙-NI ELVIS Ⅱ+系列实验模块转接主板，将其插在 NI ELVIS Ⅱ+上，注意检查是否插接到位。

3）实验模块转接主板插接到位后，将 YL-1007B 数字电子基础2模块插在实验模块转接主板上，注意检查是否插接到位。

4）打开 NI ELNIS Ⅱ+工作站电源开关，等待计算机识别设备。

5）根据图11.1所示电路，将两片40192分别插入16脚IC接插槽中，将两芯片输入

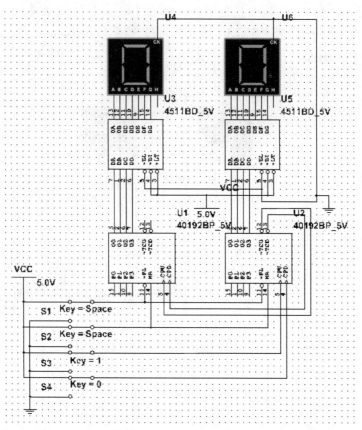

图 11.6　连接仿真电路

端 CR 相连，$\overline{\text{LD}}$相连，将 40192-2 的 CPU 接 40192-1 的$\overline{\text{LD}}$、40192-2 的 CPD 接 40192-1 的
$\overline{\text{BO}}$，将加减计数端 40192-1 的清零控制 CR、置数控制 LD、CPD、CPU 分别按顺序接到面
板上的 DIO0～DIO3，将两组输出端 Q0～Q3 分别根据图 11.1 按顺序接到面板上的数码管
驱动电路（内部已组成 4511 七段译码、驱动、显示电路）的 A0～A3 端口，其电源（16
脚）接到 VCC，接地（8 脚）接到 GND，数码管驱动电路接 VCC 和 GND。

　　6）单击计算机【开始】→【所有程序】→【National Instruments】→【NI ELVISmx for NI
ELVIS & myDAQ】→【NI ELVISmx Instruments Launcher】，在弹出面板上单击打开【Digital
Writer】，根据所选的输入端口设置 DIO。

　　7）开启数字电子基础 2 面板电源，按表 11.1 所列各输入引脚的状态设置【Digital
Writer】，通过数码管显示测试其各输出逻辑功能，将输出结果对应记录下来，并将结果
与前面对应仿真结果进行比对，观察是否一致。

项目十二

555定时器基本应用电路

一、实验项目目的

1）掌握 555 定时器各引脚功能、输出与输入的逻辑规律及使用方法。
2）熟悉单稳态触发器含义及用 555 定时器组成的单稳态触发器及其工作波形。
3）熟悉用 555 定时器组成施密特触发器电路及其工作波形。
4）熟悉用 555 定时器组成多谐振荡电路及其工作波形。

二、实验所需模块与元器件

1）YL-1007B 数字电子基础 3 模块一个，YL-1007B 数字电子基础 2 模块一个。
2）555 定时器一片，杜邦线若干。

三、实验原理及电路仿真

（一）实验原理

1. 555 定时器逻辑符号及其功能

图 12.1 为 555 定时器逻辑符号，其逻辑功能见表 12.1。

序号 1：$\overline{\text{RD}}=0$，$u_\text{o}=0$，优先权级别最高，而 DIS 引脚可对地导通，其他序号功能必须要求 $\overline{\text{RD}}=1$。

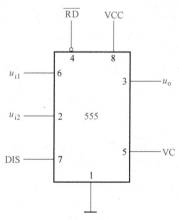

图 12.1　555 定时器的逻辑符号

表 12.1 555 定时器逻辑功能

序号	输入			输出	
	$\overline{R_D}$	u_{i1}	u_{i2}	u_o	DIS
1	0	×	×	0	对地导通
2	1	$\geq \frac{2}{3}$VCC ($\geq$VC)	$\geq \frac{1}{3}$VCC ($\geq \frac{1}{2}$VC)	0	对地导通
3	1	$<\frac{2}{3}$VCC(<VC)	$<\frac{1}{3}$VCC ($<\frac{1}{2}$VC)	1	对地截止
4	1	$<\frac{2}{3}$VCC(<VC)	$\geq \frac{1}{3}$VCC ($\geq \frac{1}{2}$VC)	不变	不变

序号 2：输入 $u_{i1} > \frac{2}{3}$VCC（或者 VC 有外加电压时，由 $u_{i1} >$ VC 决定），$u_{i2} > \frac{1}{3}$VCC（或者 VC 有外加电压时，由 $u_{i2} > \frac{1}{2}$VC 决定），则 $u_o = 0$，DIS 对地导通。

序号 3：$u_{i1} < \frac{2}{3}$VCC（或者有 VC 时，由 $u_{i1} <$ VC 决定），$u_{i2} < \frac{1}{3}$VCC（或者有 VC 时，由 $u_{i2} < \frac{1}{2}$VC 决定），则 $u_o = 1$，DIS 对地截止。

序号 4：$u_{i1} < \frac{2}{3}$VCC（或者 $u_{i1} <$VC），$u_{i2} > \frac{1}{3}$VCC（或者 $u_{i2} > \frac{1}{2}$VC），u_o不变，即保持此前状态。

2. 555 定时器组成单稳态触发器

图 12.2 所示电路为单稳态触发器，VC 端无外加电压时，通过 C2 接地。电路平时 u_i 为高电平，而 $u_{i1} = u_{c1}$，在电源对 C_1 充电达到 $u_{i1} > \frac{2}{3}$VCC 时，使 $u_o = 0$，这时 u_{c1} 通过 DIS 迅速放电，u_{i1}（u_{c1}）回到 0，维持 $u_o = 0$，为表 12.1 由序号 2 达到序号 4 的过程，称为稳定状态。当 u_i 加狭窄的负脉冲，在下降沿时刻，为功能表序号 3 状态，u_o 输出 1，DIS 对地截止，VCC 通过 R、C_1 对地为充电回路，此为暂稳态。直到 u_{c1} 按指数曲线上升到 $\geq \frac{2}{3}$ VCC，即达到序号 2 状态时，u_o 又输出 0，DIS 对地导通，u_{c1} 立即为 0，u_o 维持 0，为序号 4 状态，电路又达到稳态。

图 12.3 为其工作波形，由于电路只有一个稳态，又在外信号触发下才工作，故名单稳态触发器。其输出脉宽 $t_w = 1.1(R + RP)C_1 = 1.1 \times (22 + RP) \times 10^3 \times 10 \times 10^{-6}$s。

3. 555 定时器组成施密特触发器

图 12.4 所示为施密特触发器电路，将 555 定时器的 u_{i1} 和 u_{i2} 并接后连外加信号电压 u_i，若将 RP 从最大阻值往下调，即 u_i 从 +5V 开始逐渐减小到 0V，再从 0V 上调到 +5V，其 u_o 的高、低电平变化和相应 555 定时器工作状态变化见表 12.2。

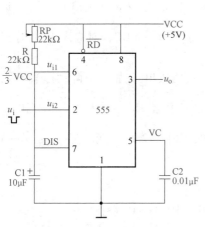

图 12.2　单稳态触发器

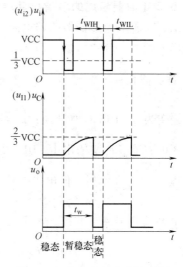

图 12.3　单稳态触发器波形图

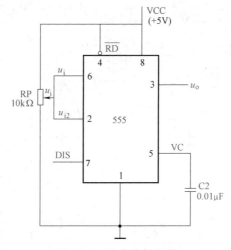

图 12.4　施密特触发器

表 12.2　施密特触发器工作状态

u_i 输入变化趋势	$VCC \rightarrow \frac{2}{3}VCC$	$\frac{2}{3}VCC \rightarrow \frac{1}{3}VCC$	$\frac{1}{3}VCC \rightarrow 0$	$0 \rightarrow \frac{1}{3}VCC$	$\frac{1}{3}VCC \rightarrow \frac{2}{3}VCC$	$\frac{2}{3}VCC \rightarrow VCC$
符合表 12.1 序号	2	4	3	3	4	2
u_o 输出状态	0	0	1	1	1	0

　　从表 12.2 工作状态可知，在 u_i 由大变小的过程中，使 u_o 发生由 0 变 1 时刻的 u_i 值称为负向阈值电压 $V_{T-}\left(\frac{1}{3}VCC\right)$，而把 u_i 由小变大过程中 u_o 发生由 1 变 0 时刻的 u_i 值称为正向阈值电压 $V_{T+}\left(\frac{2}{3}VCC\right)$。

4. 555 定时器组成的多谐振荡器

图 12.5a 所示为多谐振荡器电路，其工作原理如下：电路无需外加信号就能产生矩形振荡波形当输出。开启电源，电容 C 的电压 $u_C = 0$，对应表 12.1 序号 3 的状态，u_o 输出 1，DIS 对地截止；VCC 经 R_1、R_2 对电容 C 充电，待 $u_C \geq \frac{2}{3}$VCC，对应表 12.1 序号 2 的状态，u_o 变为 0，DIS 对地导通；u_C 经过 R_2 经 DIS 到地放电，待 u_C 下降到 $\frac{1}{3}$VCC 时，对应序号 3 的状态，u_o 又输出 1，DIS 又对地截止；VCC 又经 R_1、R_2 对电容 C 充电，重复上述过程，使 u_o 产生高、低电平变化，输出矩形波，如图 12.5b 所示，在 u_c 处于 $\frac{1}{3}$VCC ~ $\frac{2}{3}$VCC 时对应序号 4 的状态，u_o 不变。

脉宽
$$t_{wH} = 0.7(R_1 + R_2)C = 0.7 \times (1.5 + 10) \times 10^3 \times 1 \times 10^{-6} \text{s} \approx 8\text{ms}$$
$$t_{wL} = 0.7R_1 C = 0.7 \times 10 \times 10^3 \times 1 \times 10^{-6} \text{s} = 7\text{ms}$$

振荡频率
$$f = \frac{1}{t_{wH} + t_{wL}} = \frac{1}{(8+7) \times 10^{-3}} \text{Hz} \approx 66.7\text{Hz}$$

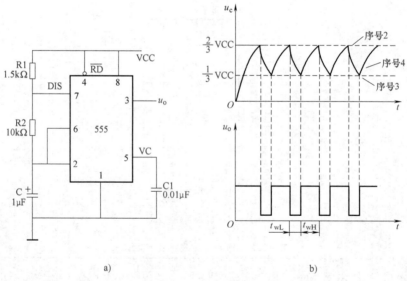

a)   b)

图 12.5 多谐振荡器

（二）电路仿真

电路仿真步骤如下：

1）打开 Multisim 电子电路仿真软件后，单击【File】→【New】→【Blank】→【Create】，新建一个空白的图纸。

2）右击图纸空白区域，选择【Place Component】，打开【Select a Component】对话框，在【Group】下拉菜单下选择【ALL Groups】，在【Family】选项框中选择【All Families】，在【Component】下搜索 555，把【555_ VIRTUAL】放在图纸上，如图 12.6 所示。

3）打开【Select a Component】对话框，在【Group】下拉菜单中选择【Basic】，在【Family】选项框中选择【RESISTOR】，参照图12.2中各电阻的阻值选择适合的电阻放置在图纸上。在【Family】下的【POTENTIOMETER】中选择电位器，如图12.7所示。

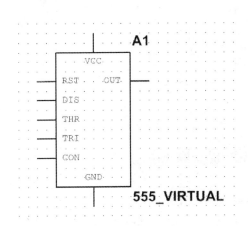

图12.6 把【555_ VIRTUAL】放在图纸上

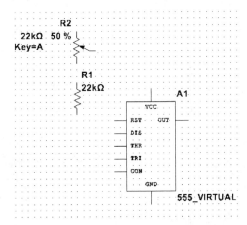

图12.7 选择电位器

4）打开【Select a Component】对话框，在【Group】下拉菜单中选择【Basic】，在【Family】选项框中选择【CAPACITOR】，参照图12.2中各电容的值选择适合的电容放置在图纸上，如图12.8所示。

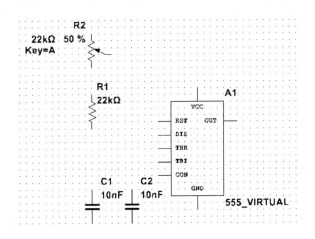

图12.8 选择适合的电容放置在图纸上

5）打开【Select a Component】对话框，在【Group】下拉菜单选择【Sources】，在【Family】选项框中选择【SIGNAL_ VOLTAGE_ SOURCES】，在【Component】选项框中选择【PULSE_ VOLTAGE】放置在图纸上，如图12.9所示，脉冲电压设置如图12.10所示。

6）打开【Select a Component】对话框，在【Group】下拉菜单选择【Sources】，在【Family】选项框中选择【POWER_ SOURCES】，在【Component】选项框中分别选择【VCC】 ⊤ 和【GROUND】 ⏚ 放置在图纸上，如图12.11所示。

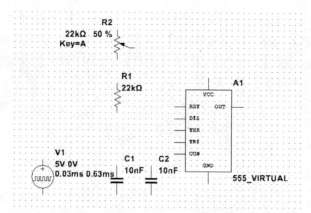

图 12.9　选择【PULSE_ VOLTAGE】放置在图纸上

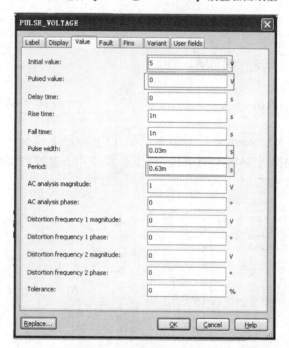

图 12.10　脉冲电压设置

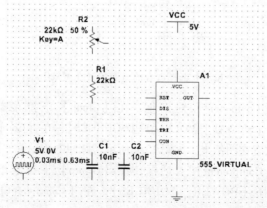

图 12.11　选择【VCC】和【GROUND】放置在图纸上

7）在 Multisim 界面的右边虚拟仪器工具栏中选择【Four channel oscilloscope】，出现 XSC1 器件，如图 12.12 所示。

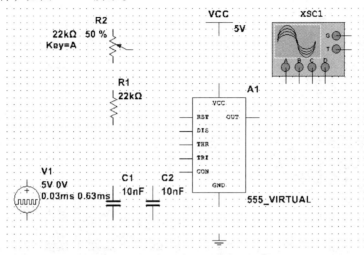

图 12.12　选择【Four channel oscilloscope】

8）将步骤 2）～7）所选择的元器件按图 12.2 所示连接仿真电路，如图 12.13 所示。

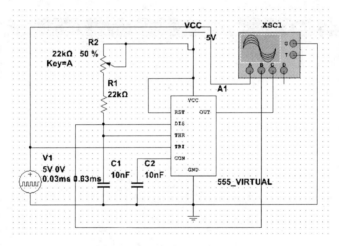

图 12.13　连接仿真电路

9）555 定时器组成的单稳态触发器。如图 12.13 所示，单击运行，调节电位器 R_2 至最小处与最大处，观察示波器，波形如图 12.14 和图 12.15 所示，从图中读取输出波形的最大高电平脉宽和最小高电平脉宽，参考数值见表 12.3。

表 12.3　单稳态触发器各测试参数

输入波形脉宽		电容电压	高电平输出脉宽	
$t_{wIL}/\mu s$	$t_{wIH}/\mu s$	u_{Cm}/V	$t_{wH}/\mu s$	$t_{wL}/\mu s$
约 30	约 600	3.3	484	242

注：有时仿真软件在仿真较长步长（输出变化比较缓慢，一般在 10ms 级别以上）的电路时，会仿真不出来，我们一般采用将电路参数整体按比例缩小的方式（即充放电容 10μF 缩小到 10nF，输入高电平脉宽 0.6s 缩小到 600μs，低电平脉宽 0.03s 缩小到 30μs），待仿真出来后，再根据仿真现象整体按比例放大，然后再进行分析，这样并不影响对该电路原理的理解，也能将电路功能原理仿真出来。

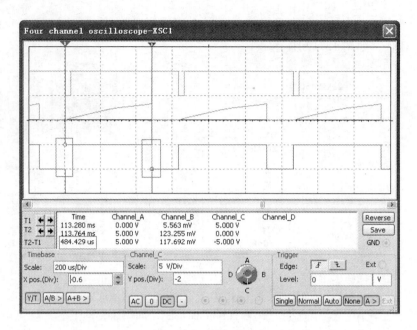

图 12.14　示波器波形

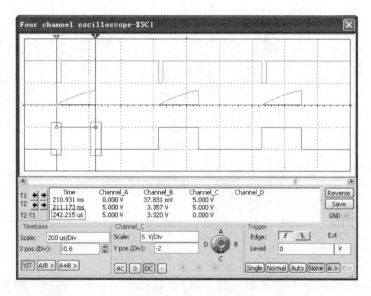

图 12.15　示波器波形

10) 555 定时器组成的多谐振荡器。根据图 12.5 连接仿真电路，如图 12.16 所示。

单击运行，示波器波形输出如图 12.17 和图 12.18 所示，并从示波器读取 u_o 的高、低电平脉宽 t_{wH} 和 t_{wL} 及高电平输出电压 u_{om}，u_C 的最高点电压和最低点电压 u_{CH} 和 u_{CL}，参考值见表 12.4，并根据 t_{wH} 和 t_{wL}，计算振荡频率 $f = \dfrac{1}{t_{wH} + t_{wL}}$ Hz。

11) 555 定时器组成的施密特触发器。根据图 12.4 连接仿真电路，如图 12.19 所示。

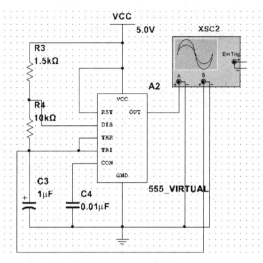

图 12.16 连接仿真电路

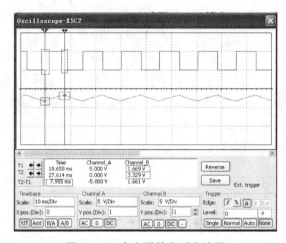

图 12.17 高电平脉宽对应波形

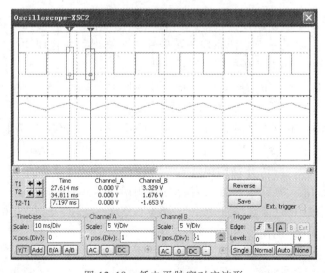

图 12.18 低电平脉宽对应波形

表 12.4 多谐振荡器参数

输出脉宽电压和频率				电容电压	
t_{wH}/ms	t_{wL}/ms	u_{om}/V	f/Hz	u_{CH}/V	u_{cL}/V
7.95	7.2	5	66	约 3.3	约 1.6

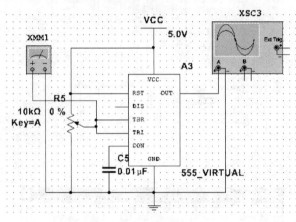

图 12.19 连接仿真电路

单击运行，将 R_5（10kΩ）从最大阻值往下调，即 u_i 从 +5V 开始逐渐减小到 0V，再从 0V 上调到 +5V，u_o 高、低电平变化和相应 555 定时器工作状态变化见表 12.2，可通过示波器观察电平跳变，并记录 u_i 由大变小过程中负向阈值电压 U_{T-} 及 u_i 由小变大过程中正向阈值电压 U_{T+} 参考值见表 12.5。

表 12.5 施密特触发器的阈值电压

U_{T+}/V	U_{T-}/V
3.35	1.65

四、实验内容与实验步骤

前面已经进行过电路原理分析，并将仿真现象与理论进行了对比。接下来我们需要在实际电路上做实验，以进一步验证原理的正确性与仿真现象的合理性，具体步骤如下：

1）请确保 NI ELVIS Ⅱ+的电源处于断开状态。

2）将 NI ELVIS Ⅱ+自带的实验板取下，取出亚龙-NI ELVIS Ⅱ+系列实验模块转接主板，将其插在 NI ELVIS Ⅱ+上，注意检查是否插接到位。

3）实验模块转接主板插接到位后，将 YL-1007B 数字电子基础 3 模块插在实验模块转接主板上，注意检查是否插接到位。

4）打开 NI ELVIS Ⅱ+工作站电源开关，等待计算机识别设备。

5）555 定时器组成的单稳态触发器。打开附带的 LabVIEW 程序【Digital】→【Finite Output】文件，设置 CP 时钟脉冲低电平脉宽为 0.03s，高电平脉宽为 0.6s，脉冲输出端口为 DIO0，如图 12.20 所示。

6）开启数字电子基础 3 模块电源，打开计算机桌面上的【开始】→【所有程序】→【National Instruments】→【NI ELVISmx for NI ELVIS & myDAQ】→【NI ELVISmx Instruments

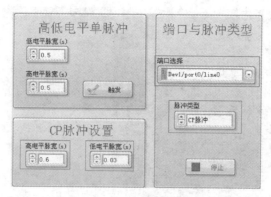

图 12.20 设置脉冲端口

Launcher】，打开面板上的【Oscilloscope】，设置波形采集端口为 AI3（即 u_c）、AI4（u_o），电位器 RP（20kΩ）旋至最左端时波形如图 12.21 所示，电位器 RP 旋至最右端时波形如图 12.22 所示。

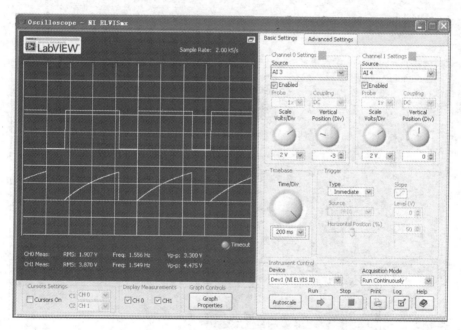

图 12.21 电位器 RP 旋至最左端时波形

从示波器观察高电平输出最大和最小脉宽 t_w 及最高电压 u_{Cm}，参考值见表 12.6，并将结果与前面对应仿真结果进行比对，观察是否一致。

7）555 定时器组成的多谐振荡器。将【Oscilloscope】波形采集端口改为 AI1（即 u_c）、AI0（u_o），波形如图 12.23 所示。

用示波器观察 u_c 与 u_o 波形，并从示波器读取 u_o 的高低电平脉宽 t_{wH} 和 t_{wL}、高电平电压 u_{om}、u_c 的最高点电压和最低点电压 u_{CH} 和 u_{CL}，参考值见表 12.7，并根据 t_{wH} 和 t_{wL} 计算振荡频率 $f = \dfrac{1}{t_{wH} + t_{wL}}$ Hz，将结果与前面对应仿真结果进行比对，观察是否一致。

8）555 定时器组成的施密特触发器。关闭电源，将 555 芯片取下，换上 YL-1007B 数

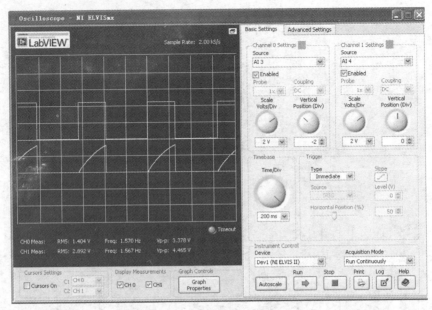

图 12.22 电位器 *RP* 旋至最右端时波形

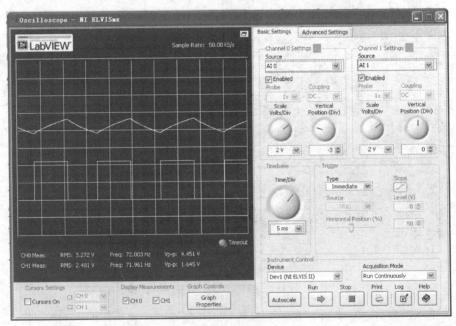

图 12.23 多谐振荡器波形

字电子基础 2 模块，将 555 芯片插入 8 脚 IC 接插槽中，根据图 12.4 连接电路。

开启电源，将 RP0（10kΩ）从最大阻值往下调，即 u_i 从+5V 开始逐渐减小到 0V，再从 0V 上调到+5V，其 u_o 的高、低电平变化和相应 555 定时器工作状态变化见表 12.2，可通过示波器观察电平跳变，并记录 u_i 由大变小过程中负向阈值电压 $U_{T-}\left(\dfrac{1}{3}\text{VCC}\right)$，及把 u_i 由小变大过程中正向阈值电压 $U_{T+}\left(\dfrac{2}{3}\text{VCC}\right)$，参考值见 12.8，并将结果与前面对应仿真结果进行比对，观察是否一致。

表 12.6 单稳态触发器各测试参数

输入波形脉宽		电容电压	高电平输出脉宽	
t_{wiL}/s	t_{wiH}/s	u_{Cm}/V	t_{wH}/s	t_{wL}/s
约 0.03	约 0.6	3.37	0.462	0.242

表 12.7 多谐振荡器参数

输出波形脉宽、电压和频率				电容电压	
t_{wH}/ms	t_{wL}/ms	u_{om}/V	f/Hz	u_{CH}/V	u_{CL}/V
7.5	6.5	4.45	71.4	3.3	1.6

表 12.8 施密特触发器的阈值电压

U_{T+}/V	U_{T-}/V
3.3	1.6

项目十三

微分型单稳态触发器电路

一、实验项目目的

1）熟悉由 CMOS 或非门组成的微分型单稳态触发器电路的结构。

2）了解 CMOS 门电路的阈值电压 U_{TH}。

3）掌握微分型单稳态触发器输出与输入的波形关系。

4）验证输出脉宽 t_{wo} 的计算公式。

二、实验所需模块与元器件

1）YL-1007B 数字电子基础 2 模块一个。

2）CD4001 一片，杜邦线若干。

三、实验原理及电路仿真

（一）实验原理

图 13.1 所示为由 CMOS 或非门组成的微分型单稳态触发器，其输入触发信号必须采用狭窄的正脉冲作为有效信号，图 13.2 为该电路的工作波形。处于稳定状态时，u_{i} 为低电平 0，而 $u_{\mathrm{C}} \approx \mathrm{VDD}$，$u_{\mathrm{o}} = 0$，反送到 G1 门的输入端，使 G1 的输出 $u_{\mathrm{o1}} = 1$，u_{C} 仍为 1，这就是稳定状态。

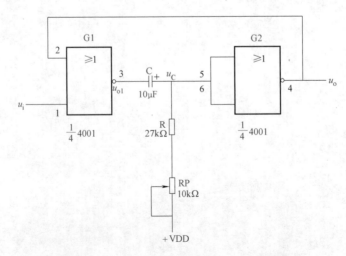

图 13.1　CMOS 或非门组成微分型单稳态触发器

当 t_1 时刻 u_i 的输入脉冲上升沿作用时，立即使 $u_{o1}=0$，u_C 也变为 0，则 $u_o=1$，再反送到 G1 门，使 u_{o1} 维持为 0。这时开始进入暂稳态，而 VDD 经 R、C 到 u_{o1} 和地的回路充电，使 u_C 升高达 $u_C=U_{TH}=\frac{1}{2}VDD$ 时，u_o 翻转为 0，在 t_2 时刻暂稳态结束，这时 u_i 的输入信号由 1 变为 0，而 u_o 也为 0，使或非门 G1 输入端信号全为 0，u_{o1} 输出 1，u_C 又上跳增加 VDD，可达 $\frac{2}{3}VDD$，而被门电路内二极管限幅仅为 VDD+0.6V。此后又进入稳态，要求输入正脉冲脉宽 $t_{wi}<t_{wo}$，$t_{wo}\approx0.7RC$。

（二）电路仿真

电路仿真步骤如下：

1）打开 Multisim 电子电路仿真软件后，单击【File】→【New】→【Blank】→【Create】，新建一个空白的图纸。

2）右击图纸空白区域，选择【Place Component】，在打开的【Select a Component】对话框中单击【Group】下拉菜单，选择【ALL Groups】，在【Family】选项框中选择【All Families】，在【Component】下搜索 4001，把【4001BD_5V】放在图纸上，如图 13.3 所示。

3）打开【Select a Component】对话框，在【Group】下拉菜单中选择【Basic】，在【Family】选项框中选择【RESISTOR】，参照图 13.1 中各电阻的阻值选择适合的电阻放置在图纸上。在【Family】下的【POTENTIOMETER】中选择电位器，如图 13.4 所示。

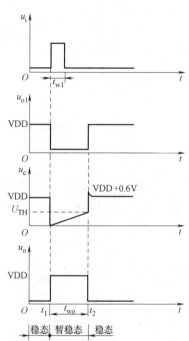

图 13.2 微型单稳态触发器
电路工作波形

图 13.3 把【4001BD_5V】放在图纸上

4）打开【Select a Component】对话框，在【Group】下拉菜单中选择【Basic】，在【Family】选项框中选择【CAP_ELECTROLIT】，参照图 13.1 中各电容的值选择适合的电容放置在图纸上，如图 13.5 所示。

5）打开【Select a Component】对话框，单击【Group】下拉菜单选择【Sources】，在【Family】选项框中选择【POWER_SOURCES】，在【Component】选项框中分别选择

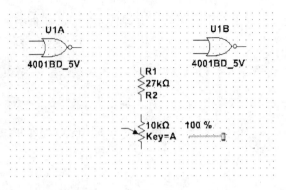

图 13.4　选择电阻和电位器

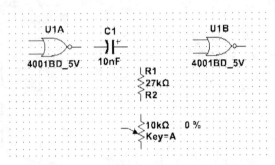

图 13.5　选择电容

【VCC】⊤和【GROUND】⏚放置在图纸上,如图 13.6 所示。

6)打开【Select a Component】对话框,在【Group】下拉菜单选择【Sources】,在【Family】选项框中选择【SIGNAL_ VOLTAGE_ SOURCES】,在【Component】选项框中选择【PULSE_ VOLTAGE】放置在图纸上,如图 13.7 所示,脉冲电压设置如图 13.8 所示。

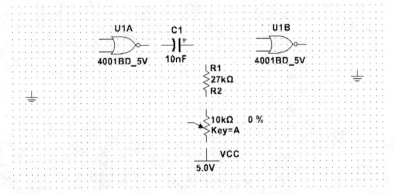

图 13.6　选择【VCC】⊤和【GROUND】⏚放置在图纸上

7)在 Multisim 界面的右边虚拟仪器工具栏选择【Four channel oscilloscope】▦,出现 XSC1 图标,如图 13.9 所示。

8)将步骤 2)~7)所选择的元器件按图 13.1 所示连接仿真电路,如图 13.10 所示。

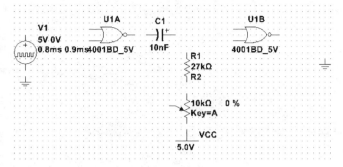

图 13.7 选择【PULSE_ VOLTAGE】放置在图纸上

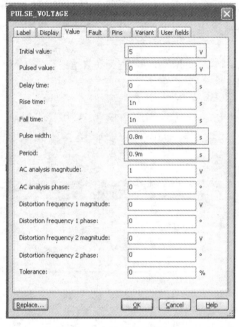

图 13.8 脉冲电压设置

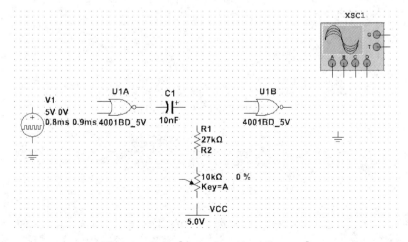

图 13.9 选择【Four channel oscilloscope】

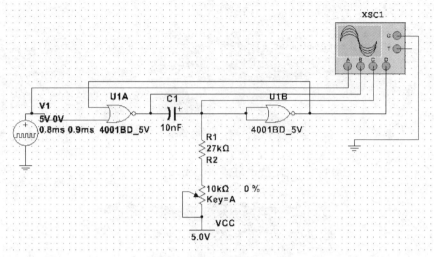

图 13.10　连接仿真电路

9）单击运行，根据图 13.2 从示波器波形显示读取 t_{wI}、U_{TH}、t_{wO} 的最大和最小值（调节电位器为最大时如图 13.11 所示，调节电位器为零值时如图 13.12 所示）以及 u_o、u_c 的高电平电位 U_{om}、u_{Cm}，参考值见表 13.1。将仿真输出结果与其工作原理进行比对，观察是否一致。

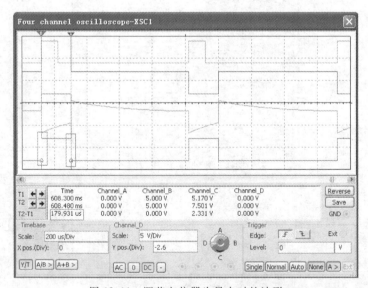

图 13.11　调节电位器为最大时的波形

表 13.1　工作波形参数的测试

输入波形脉宽		电容电压		输出波形脉宽、电压值		
t_{wiH}/ms	t_{wiL}/ms	U_{TH}/V	u_{Cm}/V	t_{wo}/μs		U_{om}/V
0.1	0.8	2.07	7.08	最大为 225	最小为 180	5

注：有时仿真软件在仿真较长步长（输出变化比较缓慢，一般在 10ms 级别以上）的电路时，会仿真不出来，我们一般采用将电路参数整体按比例缩小的方式（即充放电电容 10μF 缩小到 10μF，输入高电平脉宽 0.1s 缩小到 100μs，低电平脉宽 0.8s 缩小到 800μs），待仿真出来后，再根据仿真现象整体按比例放大，然后再进行分析。

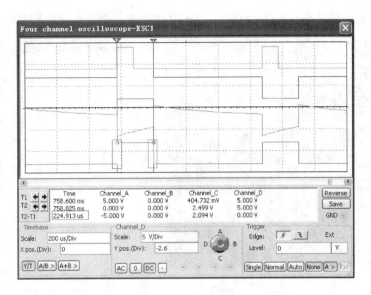

图 13.12　调节电位器为零值时的波形

四、实验内容与实验步骤

前面已经进行过电路原理分析，并将仿真现象与理论进行了对比。接下来我们需要在实际电路上做实验，以进一步验证原理的正确性与仿真现象的合理性，具体步骤如下：

1）请确保 NI ELVIS Ⅱ+的电源处于断开状态。

2）将 NI ELVIS Ⅱ+自带的实验板取下，取出亚龙-NI ELVIS Ⅱ+系列实验模块转接主板，将其插在 NI ELVIS Ⅱ+上，注意检查是否插接到位。

3）实验模块转接主板插接到位后，将 YL-1007B 数字电子基础 2 模块插在实验模块转接主板上，注意检查是否插接到位。

4）打开 NI ELVIS Ⅱ+工作站电源开关，等待计算机识别设备。

5）根据图 13.1 所示连接好电路图，将输入脉冲 u_i 端接面板上的 DIO0 和 AI0 端，将 u_C 连接至 AI1，将输出端 u_o 接 AI2，通过 AI0~AI2 端口采集波形，+VDD 接 VCC，打开附带的 LabVIEW 程序【Digital】→【Finite Output】文件，设置时钟脉冲低电平脉宽为 0.8s、高电平脉宽为 0.1s，脉冲输出端口为 DIO0，如图 13.13 所示。

6）打开计算机桌面【开始】→【所有程序】→【National Instruments】→【NI ELVISmx for NI ELVIS & myDAQ】→【NI ELVISmx Instruments Launcher】，打开面板上的【Oscilloscope】，设置波形采集端口为 AI1（即 u_C）、AI2（u_o），电位器 RP0

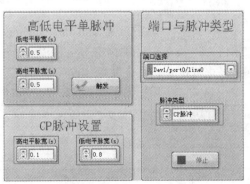

图 13.13　设置脉冲端口

（10kΩ）旋至最左端时波形如图 13.14 所示，电位器旋至最右端时波形如图 13.15 所示。

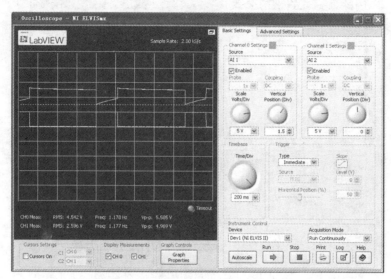

图 13.14 电位器 RP0（10kΩ）旋至最左端时波形

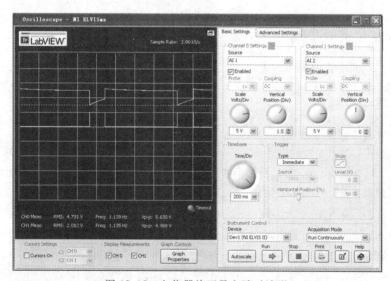

图 13.15 电位器旋至最右端时波形

根据图 13.2 从示波器波形显示读取 t_{wi}、U_{TH}、t_{wO} 的最大和最小值（调节 RP0 为最大和零值）以及 u_o、u_C 的高电平电位 U_{om}、u_{Cm}，参考值见表 13.2。并将结果与前面对应仿真结果进行比对，观察是否一致。

表 13.2 工作波形参数的测试

输入波形脉宽		电容电压		输出波形脉宽、电压值		
t_{wiH}/ms	t_{wiL}/ms	U_{TH}/V	u_{Cm}/V	t_{wO}/μs		U_{om}/V
0.1	0.8	2.01	5.6	最大为 0.22	最小为 0.16	4.96

项目十四

集成施密特触发器及其应用

一、实验项目目的

1）熟悉集成施密特触发器 40106 的逻辑功能及测试方法，在不同电源电压下的负向阈值电压 U_{T-}。

2）测试用集成施密特触发器 40106 组成的单稳态触发器的逻辑功能。

3）测试用集成施密特触发器 40106 组成的多谐振荡器的逻辑功能。

二、实验所需模块与元器件

1）YL-1007B 数字电子基础 2 模块一个。

2）CD40106 一片，杜邦线若干。

三、实验原理及电路仿真

（一）实验原理

1. 40106 集成六施密特触发器

图 14.1a 所示为 40106 集成六施密特触发器的逻辑符号图，图 14.1b 是其电压传输特性。在一块集成器件内有六个施密特触发器，引脚 14 为电源 VDD 端，引脚 7 为 VSS 端。施密特触发器工作特点是：当输入 u_i 为 0 时，$u_o \approx$ VDD，如图 14.2 所示。调节电位器 RP，当 u_i 逐渐增大到正向阈值电压 U_{T+} 时，u_o 变为 0，u_i 继续增大，u_o 仍为 0；调节 RP，

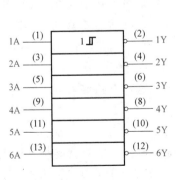

a)

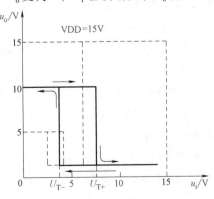

b)

图 14.1　40106 集成六施密特触发器

a）逻辑符号图　b）电压传输特性

当 u_i 由 VDD 逐渐减小到负向阈值电压 U_{T-} 时，u_o 由 0 翻转为近
似于 VDD，u_i 继续减小，u_o 维持为 VDD，这就是图 14.1b 所示
的电压传输特性。

2. 40106 集成施密特触发器构成单稳态触发器

40106 可构成上升沿或下降沿触发的单稳态触发器。

（1）图 14.3 为上升沿触发的单稳态触发器的电路图和工作波
形图。稳态时，u_i 为 0，u_A 为 0，则 $u_o \approx$ VDD；当 u_i 由 0 跳到 VDD
的上升沿时，u_A 也立即变为 VDD，则 u_o 由 1 变为 0 开始进入暂稳

图 14.2　传输特性测试方法

态，u_A 通过 R 对地放电，u_A 逐渐下降达到 U_{T-} 时，由施密特触发器传输特性可知，u_o 由 0 变为
1，此后逐渐进入稳态，因此 u_o 产生脉宽为 t_w 的负脉冲，而在 u_i 变为 0 时，按理 u_A 也应由 0 下
降到 -VDD，但被器件内部二极管限幅，仅达 -0.7V，过后又通过对电容 C 充电达到 0，这种单
稳态触发器输入的 u_i 为高电平脉宽 t_{wi}，而输出的为低电平脉宽 t_{wo}，它要求 $t_{wi} > t_{wo}$。

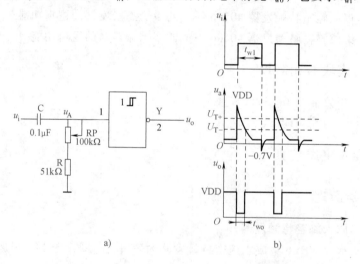

图 14.3　上升沿触发的单稳态触发器

a）电路图　b）工作波形

（2）图 14.4 为下降沿触发的单稳态触发器的电路图和工作波形图，稳态时，$u_i =$
VDD，$u_A =$ VDD，则 $u_o = 0$，当 u_i 由 VDD 变为 0 的下降沿，u_A 跟着下降到 0，则 u_o 变为 1，
此后进入暂稳态，VDD 通过 R 对 C 充电，u_A 逐渐升高，到达 U_{T+} 时刻，则 u_o 翻转为 0，而
u_A 继续上升到 VDD，当 u_i 回到 VDD，则 u_A 也应由 VDD 再上跳一个 VDD，但由于器件内
二极管限幅，u_A 仅达 VDD+0.7V。过后 u_A 又回到 VDD，这种电路要求输入的 u_i 为低电平
脉宽 t_{wi}，而输出的 u_o 为高电平脉宽 t_{wo}，它要求 $t_{wi} > t_{wo}$。

3. 多谐振荡器电路

图 14.5 是由 40106 构成的多谐振荡器电路，它不需要输入信号就能将直流电源转换
成一定周期的矩形波输出。当电路接上电源时，开始 u_C 为 0，则 u_o 为 1，为高电平，通过
R 对电容 C 充电，使 u_C 逐渐升高，$u_C = U_{T+}$ 时刻 u_o 变为 0，为低电平，此后 u_C 通过 R 经 u_o
端和器件内部到地放电，u_C 逐渐下降到 U_{T-}，则 u_o 又翻转为 1 的高电平，这样重复上述过
程产生振荡为矩形波的连续输出波形。

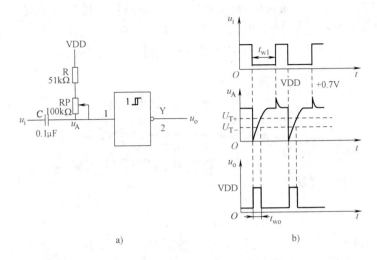

图 14.4 下降沿触发的单稳态触发器
a）电路图 b）波形图

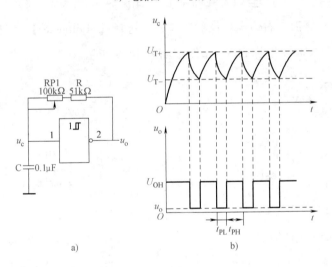

图 14.5 40106 构成的多谐振荡器
a）电路图 b）波形图

（二）电路仿真

电路仿真步骤如下：

1）打开 Multisim 电子电路仿真软件后，单击【File】→
【New】→【Blank】→【Create】，新建一个空白的图纸。

2）右击图纸空白区域，选择【Place Component】，在打开
的【Select a Component】对话框中单击【Group】下拉菜单，
选择【ALL Groups】，在【Family】选项框中选择【All
Families】，在【Component】下搜索 40106，把【40106BD_
5V】放在图纸上，如图 14.6 所示。

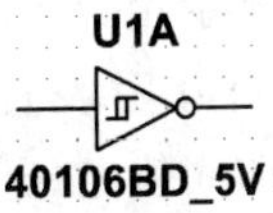

U1A

40106BD_5V

图 14.6 把【40106BD_5V】
放在图纸上

3）打开【Select a Component】对话框，在【Group】下拉菜单中选择【Basic】，在【Family】选项框中选择【RESISTOR】，参照图 14.2 中各电阻的阻值选择适合的电阻，放置在图纸上。在【Family】下的【POTENTIOMETER】中选择电位器，如图 14.7 所示。

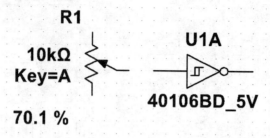

图 14.7　选择电位器

4）打开【Select a Component】对话框，在【Group】下拉菜单选择【Sources】，在【Family】选项框中选择【POWER_ SOURCES】，在【Component】选项框中分别选择【VCC】 ⊤ 和【GROUND】⏚ 放置在图纸上，如图 14.8 所示。

5）在 Multisim 界面的右边虚拟仪器工具栏，选择【Multimeter】 和【Oscilloscope】 放置在图纸上，XMM1 图标和 XSC1 图标如图 14.9 所示。

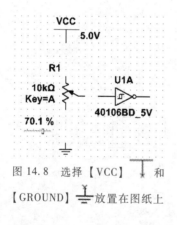

图 14.8　选择【VCC】⊤ 和
【GROUND】⏚ 放置在图纸上

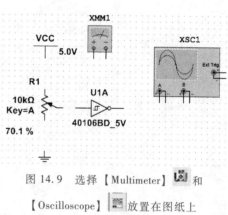

图 14.9　选择【Multimeter】 和
【Oscilloscope】 放置在图纸上

6）将步骤 2）~5）所选择的元器件按图 14.2 所示连接仿真电路，如图 14.10 所示。

7）阈值电压测试。如图 14.10 所示，单击运行，调节 $R1$ 使 u_i 从 0V 开始逐渐增加。用示波器观察 u_o 输出电平高低变化，当示波器显示由高电平 5V 刚好转变为 0V 的时刻，用万用表直流档测试此时 u_{i1} 的值，即为正向阈值电压 U_{T+}（图 14.11），再调节 $R1$ 使 u_{i1} 从 VDD 逐渐减小，当示波器显示由低电平 0V 刚好转为高电平 5V 时刻，用万用表测试 u_i 电压值，即为负向阈值电压 U_{T-}（图 14.12），将测得参数填入表 14.1 中。

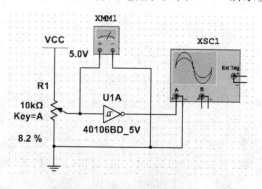

图 14.10　连接仿真电路

图 14.11 正向阈值电压 U_{T+}

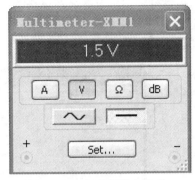

图 14.12 负向阈值电压 U_{T-}

表 14.1 40106 施密特触发器阈值电压测试

电源电压 V_{DD}/V	正向阈值电压 U_{T+}/V（R1 为 29.9%）	负向阈值电压 U_{T-}/V（R1 为 70.1%）
5	3.505	1.5

8）单稳态触发器功能测试。

①上升沿触发。仿真电路如图 14.13 所示，信号发生器设置如图 14.14 所示。

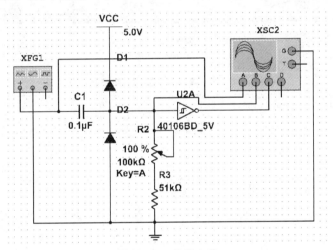

图 14.13 仿真电路

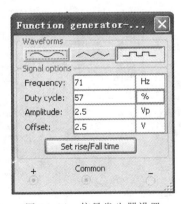

图 14.14 信号发生器设置

单击运行，用示波器显示电路的 u_i-u_A-u_o 波形（图 14.15），并从波形上读取输入 u_i 的脉宽最大值和最小值 t_{wiH} 和 t_{wiL}、输出 u_o 的脉宽最大值和最小值 t_{woH} 和 t_{woL} 的（调节 R3），记于表 14.2 的序号 1 中。

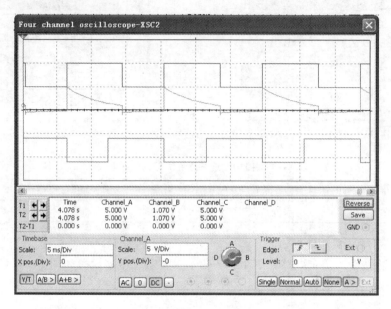

图 14.15　u_i-u_A-u_o 波形

表 14.2　单稳态触发器脉宽参数测试值

序号	电路图	电源电压 VDD/V	输入波形脉宽		输出波形脉宽			
			t_{wiH}/ms	t_{wiL}/ms	t_{woH}/ms		t_{woL}/ms	
1	图 14.3	5	约为 8	约为 6	最大为 8	最小为 6	最小为 6	最大为 8
2	图 14.4	5	约为 6	约为 8	最大为 8	最小为 6	最小为 6	最大为 8

注：输出的周期由输入波形周期决定。

② 下降沿触发。仿真电路如图 14.16 所示，信号发生器设置如图 14.17 所示。

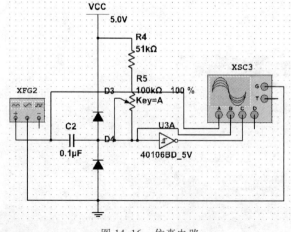

图 14.16　仿真电路

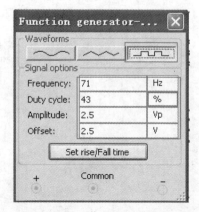

图 14.17　信号发生器设置

单击运行，用示波器显示电路的 u_i-u_A-u_o 波形（图 14.18），并从波形上读取输入 u_i 的脉宽最大值和最小值 t_{wiH} 和 t_{wiL}、输出 u_o 的脉宽最大值和最小值 t_{woH} 和 t_{woL} 的（调节 R5），记于表 14.2 的序号 2 中。

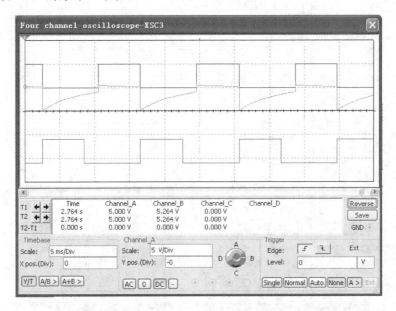

图 14.18　电路的 u_i-u_A-u_o 波形

9）多谐振荡器功能测试。仿真电路如图 14.19 所示。

单击运行，用示波器观察测试电路中的 u_C 和 u_o 波形，并从示波器显示波形读取 U_{T+} 和 U_{T-} 电压值，调节 R_7 为最大值（图 14.20）和最小值（图 14.21），测 u_o 的高、低电平脉宽最大和最小时间 t_{PH}、t_{PL}，记录于表 14.3 中，并根据 t_{PH}、t_{PL} 脉宽计算振荡频率 $f\left(f=\dfrac{1}{(t_{PH}+t_{PL})\times 10^{-3}}\text{Hz},t_P\text{ 单位为 ms}\right)$ 填于表中。

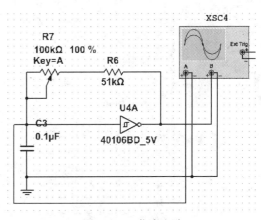

图 14.19　仿真电路

表 14.3　多谐振荡器波形参数测试

电容电压 u_C		输出 u_o 波形脉宽		振荡频率 f/Hz	
U_{T+}/V	U_{T-}/V	t_{PH}/ms	t_{PL}/ms	最高	最低
3.5	1.5	最大为 12.8 最小为 4.3	最大为 12.8 最小为 4.3	116	39

注：调节 R_7 阻值为 0 时，t_{PH}、t_{PL} 均最小；调节 R_7 阻值为最大时，t_{PH}、t_{PL} 均最大。

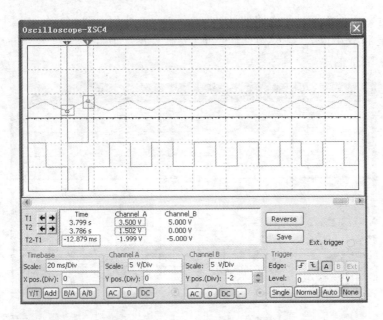

图 14.20 R_7 为最大值时的波形

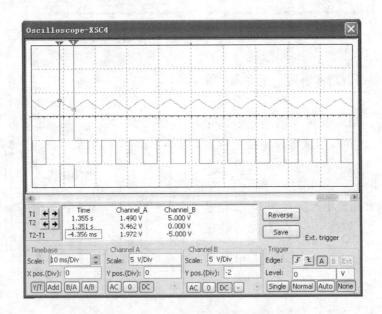

图 14.21 R_7 为最小值时的波形

四、实验内容与实验步骤

前面已经进行过电路原理分析，并将仿真现象与理论进行了对比。接下来我们需要在实际电路上做实验，以进一步验证原理的正确性与仿真现象的合理性，具体步骤如下：

1）请确保 NI ELVIS Ⅱ+的电源处于断开状态。

2）将 NI ELVIS Ⅱ+自带的实验板取下，亚龙-NI ELVIS Ⅱ+系列实验模块转接主板，将其插在 NI ELVIS Ⅱ+上，注意检查是否插接到位。

3）实验模块转接主板接插到位后，将 YL-1007B 数字电子基础 2 模块插在实验模块转接主板上，注意检查是否插接到位。

4）打开 NI ELVIS Ⅱ+工作站电源开关，等待计算机识别设备。

5）阈值电压测试。根据图 14.2 所示连接电路，将 CD40106 插入 YL-1007B 数字电子基础 2 模块 14 脚 IC 接插槽中，将输入端 u_{i1}（1 脚）接电位器 10kΩ 的中心抽头，电位器其余两端接芯片 14 脚和 7 脚，分别接 VCC 和 GND，将输出端 u_o 接面板上的 AIO。

打开数字电子基础 2 面板电源，打开计算机桌面【开始】→【所有程序】→【National Instruments】→【NI ELVISmxfor NI ELVIS &myDAQ】→【NI ELVISmx Instruments Launcher】，打开面板上的【Oscilloscope】和【Digital Multimeter】，波形采集端口为 AIO（即 u_o）。调节 RP 使 u_i 从 0V 开始逐渐增加。用示波器观察 u_o 输出电平高低变化，当示波器显示由高电平 5V 刚好转变为 0V 的时刻，用万用表直流档测试此时 u_{i1} 的值，即为正向阈值电压 U_{T+}（图 14.22），再调节 RP 使 u_{i1} 从 VDD 逐渐减小，当示波器显示由低电平 0 刚好转为高电平 5V 时刻，用万用表测试 u_i 电压值，即为负向阈值电压 U_{T-}（图 14.23），将测得参数填入表 14.4 中。

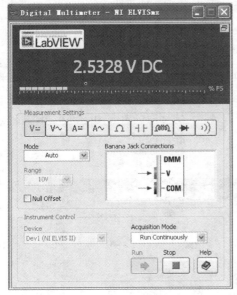

图 14.22　正向阈值电压 U_{T+}

图 14.23　负向阈值电压 U_{T-}

表 14.4　40106 施密特触发器阈值电压测试

电源电压 VDD/V	正向阈值电压 U_{T+}/V	负向阈值电压 U_{T-}/V
5	2.53	1.847

6）单稳态触发器功能测试。

①上升沿触发。按图 14.3a 所示电路连线，将输入 u_i 接面板上的 FGEN 和 AIO，将 u_a 接 AI1，将 u_o 接 AI2。打开【NI ELVISmx Instruments Launcher】面板上的【Function Generator】，设置脉冲输出端口为 FGEN，其设置如图 14.24 所示。

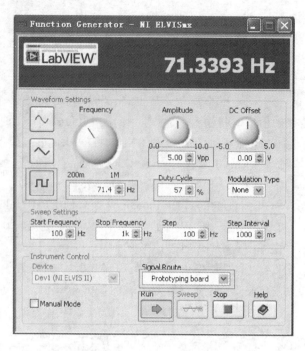

图 14.24 【Function Generator】设置

开启电源，用示波器显示电路的 u_i-u_o（图 14.25）和 u_i-u_A（图 14.26）波形，记录 u_i-u_A-u_o 波形，并从波形上读取输入 u_i 的脉宽最大值和最小值 t_{wiH} 和 t_{wiL}、输出 u_o 的脉宽最大值和最小值 t_{woH} 和 t_{woL}（调节 RP_3），记录于表 14.5 的序号 1 中。由图 14.3b 波形可知，输出低电平脉宽 t_{woL} 为有效输出。测试结束，暂不拆除连线。

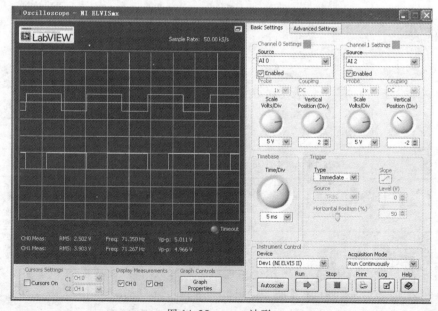

图 14.25 u_i-u_o 波形

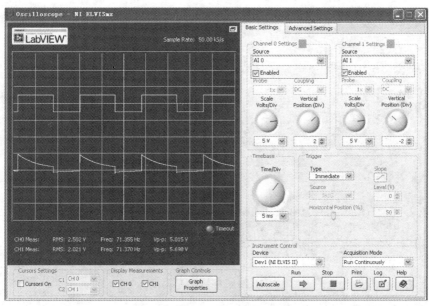

图 14.26　u_i-u_A 波形

表 14.5　单稳态触发器脉宽参数测试值

序号	电路图	电源电压 VDD/V	输入波形脉宽		输出波形脉宽			
			t_{wiH}/ms	t_{wiL}/ms	t_{woH}/ms		t_{woL}/ms	
1	图 14.3	5	约为 8	约为 6	最大为 9	最小为 7.5	最小为 5	最大为 6.6
2	图 14.4	5	约为 6	约为 8	最大为 7.5	最小为 3.3	最小为 6.6	最大为 10.7

注：输出的周期由输入波形周期决定。

② 下降沿触发。

根据图 14.4a 所示单稳态触发器电路连线，即在上述实训测试电路中，将 R 的接地点改接 VDD 即可。CP 时钟脉冲信号源调至如图 14.27 所示，开启电源，用示波器显示电路的 u_i-u_o（图 14.28）和 u_i-u_A（图 14.29）波形，记录 u_i-u_A-u_o 波形，并从波形上读取输入 u_i 的脉宽最大值和最小值 t_{wiH} 和 t_{wiL}、输出 u_o 的脉宽最大值和最小值 t_{woH} 和 t_{woL} 的（调节 RP），记录于表 14.5 的序号 2 中。由图 14.4b 波形可知输出低电平脉宽 t_{woL} 为有效输出。

7）多谐振荡器功能测试。

关闭 NI ELVIS Ⅱ+电源，按图 14.5 在上一实训测试电路基础上改接接线即可，u_C 接 AI0，u_o 接 AI1。开启 NI ELVIS Ⅱ+电源，

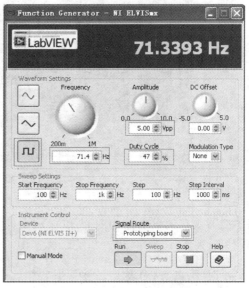

图 14.27　CP 时钟脉冲信号源调整

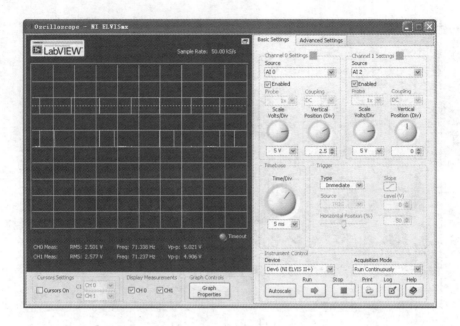

图 14.28　$u_i - u_o$ 波形

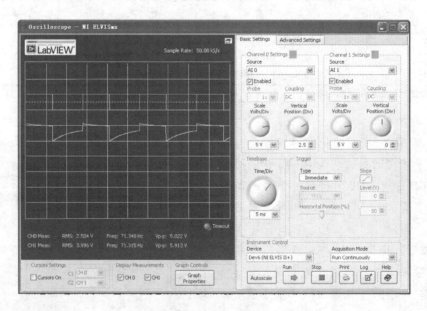

图 14.29　$u_i - u_A$ 波形

用示波器观察测试电路中的 u_C 和 u_o 波形，并从示波器显示波形读取 U_{T+} 和 U_{T-} 值，调节 RP_1 为最大值（图 14.30）和最小值（图 14.31），测 u_o 的 t_{PH}、t_{PL} 高、低电平脉宽最大和最小时间，记录于表 14.6 中，并根据 t_{PH}、t_{PL} 脉宽计算振荡频率 f（$f = \dfrac{1}{(t_{PH} + t_{PL}) \times 10^{-3}}$ Hz，t_p 单位为 ms）填于表中。

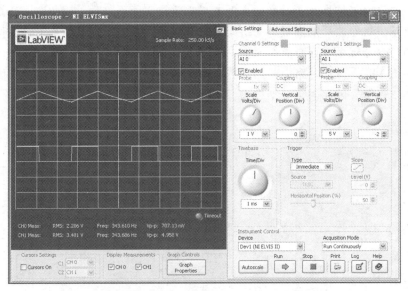

图 14.30　RP_1 为最大值时的波形

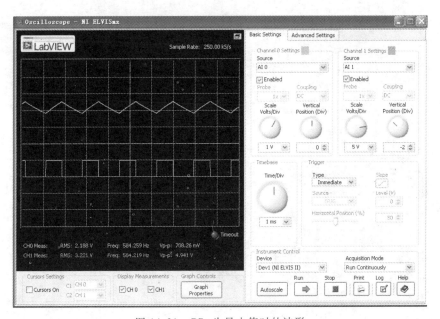

图 14.31　RP_1 为最小值时的波形

表 14.6　多谐振荡器波形参数测试

电容电压 u_c		输出 u_o 波形脉宽		振荡频率 f/Hz	
U_{T+}/V	U_{T-}/V	t_{PH}/ms	t_{PL}/ms	最高	最低
2.5	1.8	最大为 1.2 最小为 0.8	最大为 1.6 最小为 0.95	571	408

注：调节 RP1 阻值为 0 时，t_{PH}、t_{PL} 均最小；调节 RP1 阻值最大时，t_{PH}、t_{PL} 均最大。

　　从多谐振荡器实际输出波形看，电容充放电到达正负阈值时所对应的正负阈值与实际步骤 1) 所测量的正负阈值一致，且与理论分析一致。该振荡电路一直振荡输出高低电平的矩形波，并且由于仿真时所测量的高低电平阈值与实际不一致，因此造成仿真时所对应的振荡器的输出矩形波形的高低电平持续时间与实际不一致，但是仿真电路在仿真振荡器的阈值时与仿真步骤 1）所测量的阈值一致，并且根据理论电路也是振荡输出矩形波形。最后说明在图 14.13 仿真电路中要加入芯片输入端保护二极管，因为该芯片的仿真模型中没有这两个二极管，因此需额外加进去。

项目十五

D/A转换器将数字量转换成单极性、双极性模拟量

一、实验项目目的

1）熟悉 DAC0832 数/模转换器的引脚功能。

2）熟悉用 DAC0832 组成单极性模拟电压输出电路的方法。

3）熟悉用 DAC0832 组成双极性模拟电压输出电路的方法。

二、实验所需模块与元器件

1）YL-1007B 数字电子基础 1 模块一个。

2）杜邦线若干。

三、实验原理及电路仿真

（一）实验原理

1. DAC0832 的内部结构及其功能

图 15.1 所示为 DAC0832 内部结构，主要由三部分电路组成。

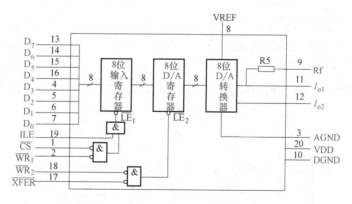

图 15.1 DAC0832 转换器内部结构原理图

1）8 位输入寄存器，用于存放输入的 8 位数字量，使其得到缓冲和锁存，由 $\overline{LE_1}$ 控制。

2）8 位 D/A 寄存器：用于存放待转换数字量，由 $\overline{LE_2}$ 控制。

3）8 位 D/A 转换电路，由 8 位倒 T 型电阻网络和电子开关组成。它能将数字量转换成

模拟量电流输出，V_{REF} 为基准电源，当某位 $D_i = 1$ 时，控制对应位电子开关使该位电阻网络电流流向 I_{o1}，若该位 $D_i = 0$ 时，则其电流流向 I_{o2}，根据理论推导，流向 I_{o1} 的总电流为

$$I_{o1} = \frac{V_{REF}}{2^8 R}(D_7 \times 2^7 + D_8 \times 2^6 + \cdots + D_1 \times 2^1 + D_0 \times 2^0) = \frac{V_{REF}}{2^8 R}(N_{10})$$

式中，(N_{10}) 是当输入数码位为 1 的对应位数乘以权位总和的十进制数值，R 为电阻网络总的等效电阻。

2. 用 DAC0832 数/模转换器组成单极性模拟电压输出电路

图 15.2 是用 DAC0832 组成单极性模拟电压输出的电路结构，其中，ILE 为允许数字量输入控制线，接高电平有效；$\overline{CS}$ 为片选线，在低电平时，本片选中；$\overline{XFER}$ 为数据传送控制输入线，低电平有效；$\overline{WR}_1$ 和 $\overline{WR}_2$ 为命令输入线低电平有效。

当数字量转换成模拟电流 I_{o1} 连接于运放 LM358 反相输入端，同相输出端接地，根据理想运放"虚断""虚短"概念，I_{o1} 流向内部反馈电阻 R_f，则输出模拟电压为

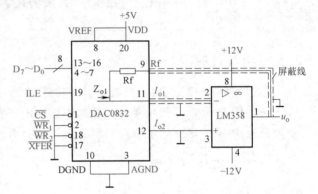

图 15.2 DAC0832 单极性输出电路

$$u_o = I_{o1} R_f = -\frac{V_{REF}}{2^8 R} R_f (N_{10})$$

由于 $R = R_f$，故

$$u_o = -\frac{V_{REF}}{256}(N_{10}) \tag{15.1}$$

u_o 的极性与 V_{REF} 极性相反。

3. 用 DAC0832 数/模转换器组成双极性模拟电压输出电路

图 15.3 为双极性模拟电压输出电路，由电路可知，运放 A1 的输出 u_{o1} 为单极性模拟电压，与式（15.1）相同，而运放 A2 构成反相求和运算电路，其输出模拟电压为

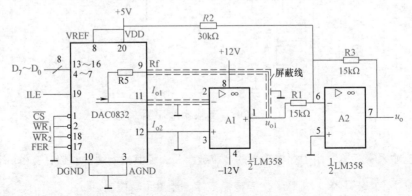

图 15.3 DAC0832 双极性输出电路

$$u_o = -\left(u_{o1}\frac{R_3}{R_1}+V_{REF}\frac{R_3}{R_2}\right)$$

$$= -\left(-\frac{V_{REF}}{256}(N_{10})\frac{R_3}{R_1}+V_{REF}\frac{R_3}{R_2}\right)$$

$$= \frac{(N_{10})}{256}V_{REF}-\frac{1}{2}V_{REF}$$

$$= \left(\frac{(N_{10})}{256}-\frac{1}{2}\right)V_{REF} \tag{15.2}$$

由式（15.2）可知，当输入数字量最高位 D_7 为 1 时，(N_{10}) 必大于 $\frac{1}{2}$，则 u_o 为正极性；当 D_7 为 0 时，(N_{10}) 必小于 $\frac{1}{2}$，则 u_o 为负极性，故 u_o 具有双极性模拟电压输出。

（二）电路仿真

电路仿真步骤如下：

1）打开 Multisim 电子电路仿真软件后，单击【File】→【New】→【Blank】→【Create】，新建一个空白的图纸。

2）右击图纸空白区域，选择【Place Component】，在打开的【Select a Component】对话框中单击【Group】下拉菜单，选择【ALL Groups】，在【Family】选项框中选择【All Families】，在【Component】下搜索 VDAC，把【VDAC】放在图纸上，如图 15.4 所示。

3）打开【Select a Component】对话框，在【Group】下拉菜单中选择【Basic】，在【Family】选项框中选择【SWITCH】，在【Component】下把【SPDT】（设置高低电平）放在图纸上，如图 15.5 所示。

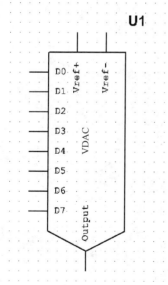

图 15.4　把【VDAC】放在图纸上

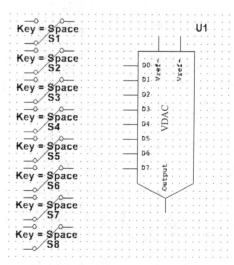

图 15.5　把【SPDT】放在图纸上

4）打开【Select a Component】对话框中，单击【Group】下拉菜单，选择

【Sources】，在【Family】选项框中选择【POWER_ SOURCES】，在【Component】选项框中分别选择【VCC】 和【GROUND】 放置在图纸上，如图 15.6 所示。

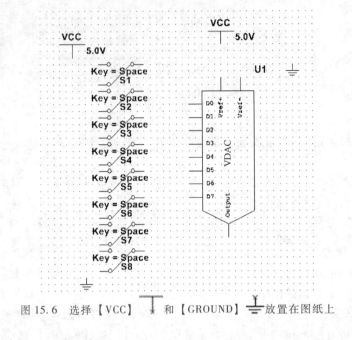

图 15.6　选择【VCC】 和【GROUND】 放置在图纸上

5）在 Multisim 界面的右边虚拟仪器工具栏选择【Multimeter】 ，出现 XMM1 图标，如图 15.7 所示。

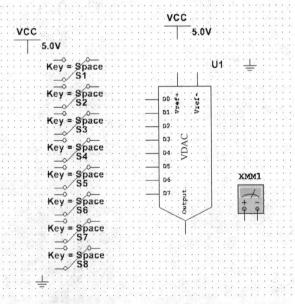

图 15.7　选择【Multimeter】

6）根据步骤 2）~5）所选择的元器件连接仿真电路，如图 15.8 所示。

7）单击运行，根据表 15.1 设置对应的输入逻辑状态，用万用表直流档测量输出电

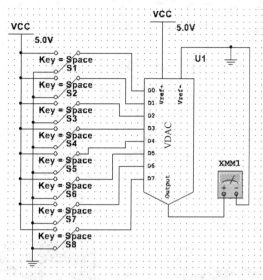

图 15.8　连接仿真电路

压，参考值见表 15.1。将仿真输出结果与其理论计算值进行比对，观察是否一致。

表 15.1　仿真模拟电压测试

序号	输入数字量									仿真输出电压 u_o/mV	式(15.1)理论值 u_o/mV	计算相比绝对差（理论输出−实际输出）
	(N_{10})	D_7	D_6	D_5	D_4	D_3	D_2	D_1	D_0			
1	0	0	0	0	0	0	0	0	0	0	0	0
2	1	0	0	0	0	0	0	0	1	19.531	−19.531	0
3	2	0	0	0	0	0	0	1	0	39.062	−39.062	0
4	4	0	0	0	0	0	1	0	0	78.125	−78.125	0
5	8	0	0	0	0	1	0	0	0	156.25	−156.25	0
6	16	0	0	0	1	0	0	0	0	312.5	−312.5	0
7	32	0	0	1	0	0	0	0	0	625	−625	0
8	64	0	1	0	0	0	0	0	0	1250	−1250	0
9	128	1	0	0	0	0	0	0	0	2500	−2500	0
10	255	1	1	1	1	1	1	1	1	4980	−4980	0

四、实验内容与实验步骤

前面已经进行过电路原理分析，并将仿真现象与理论进行了对比。接下来我们需要在实际电路上做实验，以进一步验证原理的正确性与仿真现象的合理性，具体步骤如下：

1）请确保 NI ELVIS Ⅱ+的电源处于断开状态。

2）将 NI ELVIS Ⅱ+自带的实验板取下，取出亚龙-NI ELVIS Ⅱ+系列实验模块转接主板，将其插在 NI ELVIS Ⅱ+上，注意检查是否插接到位。

3）实验模块转接主板接插到位后，将 YL-1007B 数字电子基础 1 模块插在实验模块转接主板上，注意检查是否插接到位。

4）打开 NI ELVIS Ⅱ+工作站电源开关，等待计算机识别设备。

5）单极性模拟电压输出测试。

① 电路如图15.2所示，图中屏蔽线部分在实际电路中直接用导线相连，即 DAC0832 的11脚接 LM358 的2脚，DAC0832 的9脚接 LM358 的1脚，DAC0832 输入端 DI0～DI7 已接至 DIO8～DIO15。

② 打开计算机桌面【开始】→【所有程序】→【National Instruments】→【NI EL-VISmx for NI ELVIS & myDAQ】→【NI ELVISmx Instruments Launcher】，在弹出的面板上单击打开【Digital Writer】、【Variable Power supplies】、【Digital Multimeter】，【Digital Writer】输入端口设置为 DIO8～DIO15（图15.9）。在【Variable Power Supplies】中调节 Supply+和 Supply-输出±12V（图15.10）。

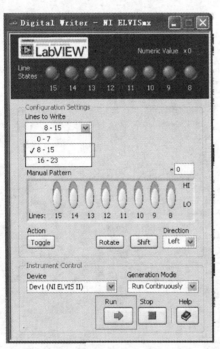

图15.9 设置【Digital Writer】输入端口

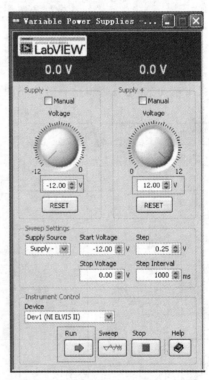

图15.10 调节【Variable Power Supplies】电压

③ 开启数字电子基础1模块电源，根据表15.2设置输入逻辑状态，打开【NI ELVISmx Instruments Launcher】→【Digital Multimeter】，用直流电压档测量 u_{o1} 端的输出电压（图15.3中 A_1（1脚）），并将输出结果对应记录下来，与理论值相比对，并且与前面对应仿真输出结果进行比对，观察是否一致。

6）双极性模拟电压输出测试。

实验步骤与上述实验相同，根据表15.3设置输入逻辑状态，用直流电压档测量 u_o 端的输出电压（图15.3中 A_2（7脚）），并将输出结果对应记录下来，与理论值相比对，并且与前面对应仿真输出结果进行比对，观察是否一致。

表 15.2　单极性模拟电压测试

| 序号 | 输入数字量 | | | | | | | | | 输出模拟电压 u_o/mV | 式(15.1)理论值 u_o/mV | 计算相比绝对差（理论输出-实际输出） |
	(N_{10})	D_7	D_6	D_5	D_4	D_3	D_2	D_1	D_0			
1	0	0	0	0	0	0	0	0	0	0	0	0
2	1	0	0	0	0	0	0	0	1	−20	−19.53	0.47
3	2	0	0	0	0	0	0	1	0	−39.2	−39.06	0.14
4	4	0	0	0	0	0	1	0	0	−77.5	−78.125	0.625
5	8	0	0	0	0	1	0	0	0	−154	−156.25	2.25
6	16	0	0	0	1	0	0	0	0	−307	−312.5	5.5
7	32	0	0	1	0	0	0	0	0	−613.6	−625	11.4
8	64	0	1	0	0	0	0	0	0	−1226	−1250	24
9	128	1	0	0	0	0	0	0	0	−2452	−2500	48
10	255	1	1	1	1	1	1	1	1	−4883	−4980	97

表 15.3　双极性模拟电压测试

| 序号 | 输入数字量 | | | | | | | | | 仿真输出电压 u_o/mV | 式(15.1)理论值 u_o/mV | 计算相比绝对差（理论输出-实际输出） |
	(N_{10})	D_7	D_6	D_5	D_4	D_3	D_2	D_1	D_0			
1	0	0	0	0	0	0	0	0	0	−2490	−2500	10
2	4	0	0	0	0	0	1	0	0	−2412	−2421.875	9.875
3	16	0	0	0	1	0	0	0	0	−2181	−2187.5	6.5
4	32	0	0	1	0	0	0	0	0	−1872	−1875	3
5	64	0	1	0	0	0	0	0	0	−1255	−1250	5
6	128	1	0	0	0	0	0	0	0	−20	0	20
7	160	1	0	1	0	0	0	0	0	598	625	27
8	192	1	1	0	0	0	0	0	0	1215	1250	35
9	224	1	1	1	0	0	0	0	0	1832	1875	43
10	255	1	1	1	1	1	1	1	1	2455	2499	44

项目十六

A/D转换实验

一、实验项目目的

1）熟悉 ADC0809 模/数转换器的引脚功能。
2）熟悉 ADC0809 模/数转换器的工作时序。
3）掌握模数转换的概念。

二、实验所需模块与元器件

1）YL-1007B 数字电子基础 1 模块一个。
2）杜邦线若干。

三、实验原理及电路仿真

（一）实验原理

1. ADC0809 的内部结构及其功能

ADC0809 是美国国家半导体公司生产的 CMOS 工艺 8 通道、8 位逐次逼近式 A/D 模/数转换器。图 16.1 中多路开关可选通 8 个模拟通道，允许 8 路模拟量分时输入，共用一个 A/D 转换器进行转换，这是一种经济的多路数据采集方法。地址锁存与译码电路对 A、

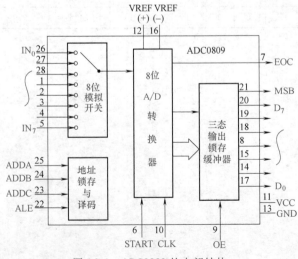

图 16.1　ADC0809 的内部结构

B、C 3个地址位进行锁存和译码，其译码输出用于通道选择，其转换结果通过三态输出锁存器存放、输出，因此可以直接与系统数据总线相连，表16.1为通道选择表。

表16.1　通道选择表

C	B	A	被选择的通道
0	0	0	IN0
0	0	1	IN1
0	1	0	IN2
0	1	1	IN3
1	0	0	IN4
1	0	1	IN5
1	1	0	IN6
1	1	1	IN7

2. 信号引脚

ADC0809芯片为28引脚双列直插式封装，其引脚排列如图16.2所示。

图16.2中ADC0809主要信号引脚的功能说明如下：

IN0~IN7为模拟量输入通道。

ALE为地址锁存允许信号。对应ALE上升沿，A、B、C地址状态送入地址锁存器中。

START为转换启动信号。START上升沿时复位ADC0809，START下降沿时启动芯片，开始进行A/D转换，在A/D转换期间，START应保持低电平。本信号有时简写为ST。ADDA、ADDB、ADDC为地址线。通道端口选择线，A为低地址，C为高地址，其地址状态与通道对应关系见表16.1。

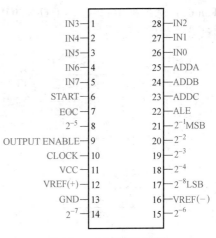

图16.2　ADC0809引脚

CLK为时钟信号。ADC0809的内部没有时钟电路，所需时钟信号由外界提供，因此有时钟信号引脚。通常使用频率为500kHz的时钟信号。

EOC为转换结束信号。EOC＝0正在进行转换，EOC＝1转换结束。使用中该状态信号即可作为查询的状态标志，又可作为中断请求信号使用。

2^{-8}~2^{-1}（D_7~D_0）为数据输出线，图中MSB表示二进制数据的最高位，LSB则是最低位，为三态缓冲输出形式，可以和单片机的数据线直接相连。D_0为最低位，D_7为最高位。

OE为输出允许信号（图16.1）。用于控制三态输出锁存器向单片机输出转换得到的数据。OE＝0，输出数据线呈高阻；OE＝1，输出转换得到的数据。

VCC为+5V电源。

VREF为参考电压，用来与输入的模拟信号进行比较，作为逐次逼近的基准。其典型值为+5V（VREF（+）＝+5V，VREF（−）＝0V即接地）。

A-D转换器的分辨率是指输出数字量变化一个相邻数码所需输入模拟电压的变化量：

$\dfrac{U（参考满刻度电压）}{2^n}$，n 为 ADC0809 的位数，比如，这里的满刻度参考电压是 5V，ADC0809 是 8 位的，则变化一个数字位的分辨率为 $\dfrac{5V}{2^8} \approx 19.53 \text{mV}$。

（二）电路仿真

电路仿真步骤如下：

1）打开 Multisim 电子电路仿真软件后，单击【File】→【New】→【Blank】→【Create】，新建一个空白的图纸。

2）右击图纸空白区域，选择【Place Component】，在打开【Select a Component】对话框中单击【Group】下拉菜单，选择【ALL Groups】，在【Family】选项框中选择【All Families】，在【Component】下搜索 ADC，把【ADC】放在图纸上，如图 16.3 所示。

3）打开【Select a Component】对话框，在【Group】下拉菜单中选择【Basic】，在【Family】选项框中选择【POTENTIOMETER】，在【Component】下把 10kΩ 电位器放在图纸上，如图 16.4 所示。

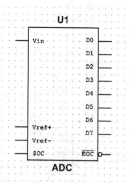

图 16.3 把【ADC】放在图纸上

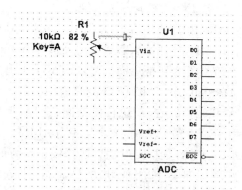

图 16.4 把 10kΩ 电位器放在图纸上

4）打开【Select a Component】对话框，在【Group】下拉菜单中选择【Diodes】，在【Family】选项框中选择【LED】，在【Component】下把【BAR_ LED_ RED】（输出高电平点亮）放在图纸上，如图 16.5 所示。

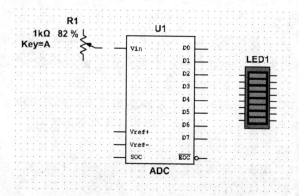

图 16.5 把【BAR_ LED_ RED】放在图纸上

5）打开【Select a Component】对话框，在【Group】下拉菜单中选择【Sources】，在【Family】选项框中选择【POWER_ SOURCES】，在【Component】选项框中分别选择【VCC】和【GROUND】放置在图纸上，如图 16.6 所示。

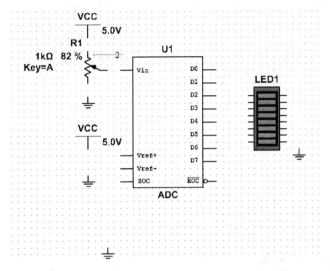

图 16.6　选择【VCC】和【GROUND】放置在图纸上

6）打开【Select a Component】对话框，在【Group】下拉菜单中选择【Sources】，在【Family】选项框中选择【SIGNAL_ VOLTAGE_ SOURCES】，在【Component】选项框中选择【CLOCK_ VOLTAGE】放置在图纸上，如图 16.7 所示，其设置如图 16.8 所示。

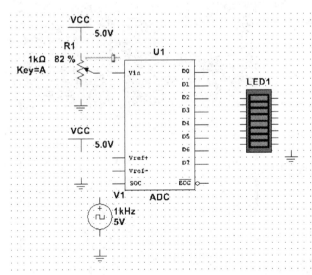

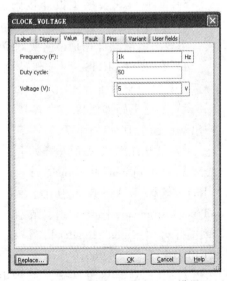

图 16.7　选择【CLOCK_ VOLTAGE】放置在图纸上　　　图 16.8　CLOCK_ VOCTAGE 设置

7）根据步骤 2）～6）所选择的元器件连接仿真电路，如图 16.9 所示。

8）单击运行，缓慢滑动电位器，观察 D0～D7 的输出结果，将仿真输出结果与芯片

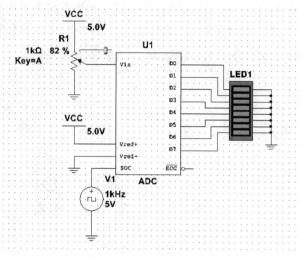

图 16.9 连接仿真电路

工作原理进行比对，观察是否一致。

四、实验内容与实验步骤

前面已经进行过电路原理分析，并将仿真现象与理论进行了对比。接下来我们需要在实际电路上做实验，以进一步验证原理的正确性与仿真现象的合理性，具体步骤如下：

1）请确保 NI ELVIS Ⅱ+的电源处于断开状态。

2）将 NI ELVIS Ⅱ+自带的实验板取下，取出亚龙-NI ELVIS Ⅱ+系列实验模块转接主板，将其插在 NI ELVIS Ⅱ+上，注意检查是否插接到位。

3）实验模块转接主板插接到位后，将 YL-1007B 数字电子基础 1 模块插在实验模块转接主板上，注意检查是否插接到位。

4）打开 NI ELVIS Ⅱ+工作站电源开关，等待计算机识别设备。

5）实际电路如面板上的 A-D 转换电路，输出端已接至 DIO0～DIO7。

6）打开计算机桌面【开始】→【所有程序】→【National Instruments】→【NI EL-VISmx for NI ELVIS & myDAQ】→【NI EL-VISmx Instruments Launcher】，在弹出面板上单击打开【Digital Reader】，设置端口为 DIO0～DIO7，如图 16.10 所示。

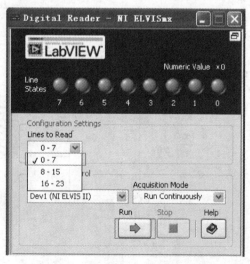

图 16.10 设置【Digital Reader】端口

7）开启数字电子基础 1 面板电源，缓慢旋转电位器，观察 DIO0～DIO7 的输出状态，并将结果与前面对应仿真结果进行比对，观察是否一致。

参 考 文 献

[1] 童诗白，华成英. 模拟电子技术基础 [M]. 4 版. 北京：高等教育出版社，2006.

[2] 阎石. 数字电子技术基础 [M]. 4 版. 北京：高等教育出版社，1998.